生物学教具专利集

主　编　曹广力　陶海锋

苏州大学出版社

内容简介

本书收集了已获授权的与生物教学模型相关的部分专利，涉及生物结构、理论示教和生物实验教学等多个方面。本书内容主要包括生化与遗传学、细胞生物学、病毒学、微生物与免疫学等方面的生物结构模型，用于理解遗传、免疫等理论内容的示教教具，用于模拟和演示反应过程等内容的生物实验教学用教具。全书以专利申请文件的形式进行编排，通过说明书与附图相结合，便于读者理解相关模型教具的结构和应用。

本书适合从事生物相关学科课程教学的教师阅读，可对教学设计过程起到辅助作用，也可以供教学模型研发人员、生产企业的设计人员参考。

图书在版编目 (CIP) 数据

生物学教具专利集 / 曹广力，陶海锋主编. —苏州：
苏州大学出版社，2021.9（2022.8 重印）
ISBN 978-7-5672-3684-4

Ⅰ.①生… Ⅱ.①曹… ②陶… Ⅲ.①生物学 — 教具
— 专利申请 — 文件 — 汇编 — 中国 Ⅳ.①Q-46②G306.3

中国版本图书馆 CIP 数据核字 (2021) 第 164280 号

生物学教具专利集

曹广力　陶海锋　主编

责任编辑　征　慧

苏州大学出版社出版发行
（地址：苏州市十梓街 1 号　邮编：215006）
镇江文苑制版印刷有限责任公司印装
（地址：镇江市黄山南路 18 号润州花园 6-1 号　邮编：212000）

开本 787 mm×1 092 mm　1/16　印张 12.5　字数 218 千
2021 年 9 月第 1 版　2022 年 8 月第 2 次印刷
ISBN 978-7-5672-3684-4　定价：48.00 元

若有印装错误，本社负责调换
苏州大学出版社营销部　电话：0512-67481020
苏州大学出版社网址　http://www.sudapress.com
苏州大学出版社邮箱　sdcbs@suda.edu.cn

《生物学教具专利集》
编写人员

主　编　曹广力　陶海锋

副主编　朱越雄　赵英伟　凌　芳

编　委（按姓名笔画排序）

王　蕾　牛　华　曲春香

朱玉芳　贡成良　李蒙英

吴　康　郑小坚　顾福根

薛仁宇

◎ 前　言 ◎

在高等院校的生物学科课程教学中，涉及很多微观尺寸的研究对象，如微生物结构、细胞内部结构、蛋白质构型及遗传物质等。这些研究对象难以从宏观尺度上进行观察，因而在常规教学过程中，通常采用各种图例进行演示、讲解。由于绘图难以体现研究对象的立体结构以及研究对象之间的相互作用过程，学生不能获得对研究对象的直观印象，从而影响教学效果。

2012年初，我们产生了构建病毒模型教具以辅助教学的设想。随着沟通及讨论的深入，系统地设计了第一个模型教具。当第一个模型教具设计完成后，经过课堂试用，模型教具的教学效果获得了正面的评价。为了更好地保护与使用模型教具，我们有了通过专利申请来完善设计的想法。在此之后，经过课题组同仁们的共同努力，先后根据病毒学、微生物学、遗传学、细胞生物学、免疫学等课程的教学需求，设计了几十种模型教具，并分别申请了发明和实用新型专利，其中获得发明专利授权8项。

每一个模型教具都倾注了课题组同仁们的心血与努力，也饱含了对于学生们的期盼。为使这些模型设计在教学模型的设计生产、教师的课程设计及学生的学习过程中起到更好的作用，我们对这些模型设计进行了重新整理，将其中有代表性的四十余项专利申请文件收集起来编成本书，希望能够对生物教学模型的研发、生物学课程的教学起到积极的作用。

◎目　　录◎

第一部分　阐述生物结构用教具

第二部分 阐述理论用教具

第三部分 生物实验教学用教具

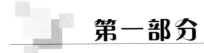

第一部分
阐述生物结构用教具

一、生化与遗传学部分

一种 ATP 合酶模型教具

专利号： ZL 2012 1 0327083.6，ZL 2012 2 0452116.5

发明人： 朱越雄　曹广力

摘　要： 本实用新型公开了一种 ATP 合酶模型教具，包括旋转部与支撑部，其特征在于——所述旋转部包括轴杆、插瓣球、第一球体、第二球体，所述插瓣球、第一球体、第二球体自上而下依次套设在所述轴杆上，所述支撑部包括轴杆基座、连接杆基座、弯曲的连接杆以及设置在所述连接杆顶端的顶球，所述连接杆对称设置在所述连接杆基座外表面，所述轴杆顶端与所述顶球转动连接，所述轴杆下端与所述轴杆基座转动连接。本实用新型结构简单、方便携带，并且能够展示 ATP 合酶的外观结构及工作原理。

权利要求书：

1. 一种 ATP 合酶模型教具，包括旋转部与支撑部，其特征在于：所述旋转部包括轴杆、插瓣球、第一球体、第二球体，所述插瓣球、第一球体、第二球体自上而下依次套设在所述轴杆上，所述支撑部包括轴杆基座、连接杆基座、弯曲的连接杆以及设置在所述连接杆顶端的顶球，所述连接杆对称设置在所述连接杆基座外表面，所述轴杆顶端与所述顶球转动连接，所述轴杆下端与所述轴杆基座转动连接。

2. 根据权利要求 1 所述的一种 ATP 合酶模型教具，其特征在于：所述插瓣球由三个大插瓣和三个小插瓣相间组成，所述大插瓣、小插瓣与所述轴杆通过卡扣组合，所述第一球体与第二球体内设置有竖直贯通的条状凹槽，所述轴杆上设置有与所述条状凹槽配合的卡条。

3. 根据权利要求 1 所述的一种 ATP 合酶模型教具，其特征在于：所述连接杆与所述连接杆基座通过卡扣组合，所述连接杆顶端与所述顶球通过卡扣组合。

4. 根据权利要求 1 所述的一种 ATP 合酶模型教具，其特征在于：所述轴杆基座的外表面均匀设置有十二条竖直贯通的半圆形凹槽。

5. 根据权利要求 1 所述的一种 ATP 合酶模型教具，其特征在于：所述连接杆基座上有一贯通的圆形通道。

6. 根据权利要求 1 所述的一种 ATP 合酶模型教具，其特征在于：所述轴杆与所述顶球采用轴承连接，所述轴杆与所述轴杆基座采用轴承连接。

说明书：

技术领域

［0001］本实用新型涉及一种模型教具，尤其涉及一种 ATP 合酶模型教具。

背景技术

［0002］ATP 合酶广泛存在于线粒体、叶绿体、原核藻、异养菌和光合细菌中，是生物体能量代谢的关键酶。该酶分别位于类囊体膜、质膜或线粒体内膜上，参与氧化磷酸化与光合磷酸化反应，在跨膜质子动力势的推动下催化合成生物体的能量"通货"——ATP。ATP 合酶的 F_0 部分比鞭毛的动力结构的直径将近小一半。鞭毛的运动要经过几百个步骤，而 ATP 合酶的运动只需要几步。

［0003］在研究氧化磷酸化形成 ATP 的化学渗透学说时，ATP 合酶的作用表现得尤为明显，因此在研究和教学时都需要充分了解 ATP 合酶的工作原理。然而在教学领域中，现只能通过理论知识或者是书本上的图片来讲解和分析 ATP 合酶，这种常用的教学方法缺乏生动性，也不利于学生理解和掌握。

发明内容

［0004］本实用新型的目的是提供一种结构简单、方便携带并且能够展示 ATP 合酶的外观结构以及工作原理的 ATP 合酶模型教具。

［0005］为达到上述目的，本实用新型采用的技术方案是：一种 ATP 合酶模型教具，包括旋转部与支撑部，所述旋转部包括轴杆、插瓣球、第一球体、第二球体，所述插瓣球、第一球体、第二球体自上而下依次套设在所述

轴杆上，所述支撑部包括轴杆基座、连接杆基座、弯曲的连接杆、设置在所述连接杆顶端的顶球，所述连接杆对称设置在所述连接杆基座外表面，所述轴杆顶端与所述顶球转动连接，所述轴杆卜端与所述轴杆基座转动连接。

［0006］优选的技术方案，所述插瓣球由三个大插瓣和三个小插瓣相间组成，所述大插瓣、小插瓣与所述轴杆通过卡扣组合，所述第一球体与第二球体内设置有竖直贯通的条状凹槽，所述轴杆上设置有与所述条状凹槽配合的卡条。

［0007］优选的技术方案，所述连接杆与所述连接杆基座通过卡扣组合，所述连接杆顶端与所述顶球通过卡扣组合。

［0008］优选的技术方案，所述轴杆基座的外表面均匀设置有十二条竖直贯通的半圆形凹槽。

［0009］优选的技术方案，所述连接杆基座上有一贯通的圆形通道。

［0010］优选的技术方案，所述轴杆与所述顶球采用轴承连接，所述轴杆与所述轴杆基座采用轴承连接。

［0011］由于上述技术方案运用，本实用新型与现有技术相比具有下列优点：

［0012］1. 由于本实用新型转动部位采用轴承连接，减少了摩擦力，使得模型在转动时更流畅。

［0013］2. 由于本实用新型是一个三维立体模型，能使使用者更容易了解 ATP 合酶的结构和工作原理，更适用于教学。

［0014］3. 由于本实用新型采用拆装结构，不仅能够节省运输空间，降低运输成本，还能够锻炼使用者的动手能力，加深记忆，更加深入了解 ATP 合酶的构造及工作原理。

说明书附图

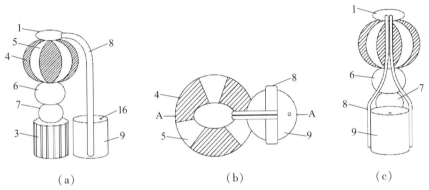

（a）　　　　　　（b）　　　　　　（c）

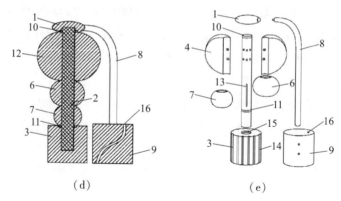

（d）　　　　　　　　　　　　（e）

图 1.1

附图说明

[0015] 图 1.1（a）为本实用新型实施例的立体图。

[0016] 图 1.1（b）为俯视图。

[0017] 图 1.1（c）为侧视图。

[0018] 图 1.1（d）为图 1.1（b）的 A-A 剖视图。

[0019] 图 1.1（e）为拆装示意图。

[0020] 其中：1. 顶球；2. 轴杆；3. 轴杆基座；4. 大插瓣；5. 小插瓣；6. 第一球体；7. 第二球体；8. 连接杆；9. 连接杆基座；10. 第一轴承；11. 第二轴承；12. 插瓣球；13. 卡条；14. 半圆形凹槽；15. 中心孔；16. 通道。

具体实施方式

[0021] 下面结合附图和实施例对本实用新型作进一步描述：

[0022] 实施例一：

[0023] 如图 1.1 所示，一种 ATP 合酶模型教具，包括旋转部与支撑部，旋转部包括轴杆 2、插瓣球 12、第一球体 6、第二球体 7，插瓣球 12、第一球体 6、第二球体 7 自上而下依次套设在轴杆 2 上，支撑部包括轴杆基座 3、连接杆基座 9、弯曲的连接杆 8、设置在连接杆 8 顶端的顶球 1，连接杆 8 对称设置在连接杆基座 9 外表面，轴杆 2 顶端与顶球 1 转动连接，轴杆 2 下端与轴杆基座 3 转动连接。

[0024] 插瓣球 12 由三个大插瓣 4 和三个小插瓣 5 相间组成，大插瓣 4、小插瓣 5 与轴杆 2 通过卡扣组合，第一球体 6 与第二球体 7 内设置有竖直贯通的条状凹槽，轴杆上设置有与条状凹槽配合的卡条 13。连接杆 8 与

连接杆基座 9 通过卡扣组合，连接杆 8 顶端与顶球 1 通过卡扣组合。轴杆基座 3 的外表面均匀设置有十二条竖直贯通的半圆形凹槽 14。连接杆基座 9 上有一贯通的圆形通道 16。轴杆 2 与顶球 1 采用第一轴承 10 连接，轴杆与轴杆基座采用第二轴承 11 连接。

[0025] ATP 合酶模型教具组装方式：将轴杆 2 底部安装到轴杆基座 3 中心孔 15 的轴承中；依次在轴杆 2 上套入第二球体 7、第一球体 6，在套入时使第一球体 6、第二球体 7 内的卡槽对准轴杆上的条状卡条 13；将大插瓣 4、小插瓣 5 依次间隔安装在轴杆 2 上；将顶球 1 安装在轴杆 2 顶端；将两根连接杆 8 安装在连接杆基座 9 两侧；最后把连接杆 8 顶端插入顶球 1 上预留的卡扣即可。

[0026] 在使用时，转动插瓣球表示使 ADP 与 Pi 合成 ATP，反方向转动插瓣球则表示 ATP 水解成 ADP 与 Pi。

[0027] 在完整的 ATP 合酶模型教具中，显示了 ATP 合酶的基本结构和作用原理，ATP 合酶是由嵌埋在原核生物细胞膜上或真核生物线粒体内膜上的基部 F_0（轴杆基座 3、连接杆 8、连接杆基座 9）与伸展在膜外头部 F_1（顶球 1、插瓣球 12、轴杆 2、第一球体 6、第二球体 7）所组成。其中 F_1 是 ATP 合酶的催化中心，为一种五肽复合物——$\alpha_3\beta_3\gamma\varepsilon\delta$，其中的三个 β 亚基（小插瓣 5），催化 ADP+Pi=ATP 可逆反应的分子内转化反应。β 亚基（小插瓣 5）可发生三种构象变化：第一种有利于使 ADP 与 Pi 相结合，第二种可使 ADP 与 Pi 合成 ATP，第三种则可使 ATP 释放。F_0 是一个三肽复合物（ab_2c_{12}），其中 a 亚基（连接杆基座 9）有质子跨膜通道（通道 16），而 b 亚基（连接杆 8）则从膜上延伸到膜外，并沿着两个 b 亚基（连接杆 8）与一个 δ 亚基（顶球 1）构成一个类似马达定子的构造。γ、ε 亚基（第一球体 6、第二球体 7）起着马达转子轴心的作用，而 12 个 c 亚基（轴杆基座 3）则起着轴承的作用。当质子从膜外流入 F_0 的 a 亚基（连接杆基座 9）中后，通过消耗质子动势可合成 ATP。ATP 合酶的功能是可逆的，故当 ATP 水解时，也可通过同种酶产生质子动势。

[0028] 三维立体结构的模型教具能够使观察者清楚地了解 ATP 合酶的外观、结构及工作原理，更适用于教学讲解，而拆装结构更有利于使用者加深对 ATP 合酶构造的认知和记忆，并且有利于包装运输，节省包装运输的空间和成本。

一种 DNA 双螺旋结构教具

专利号： ZL 2013 2 0513056.8

发明人： 曹广力　贡成良　薛仁宇　朱越雄　郑小坚

摘　要： 本实用新型公开了一种 DNA 双螺旋结构教具，包括线状的中心体、均匀穿设在所述中心体上的至少 6 个本体，所述本体为两端是球状的圆柱体，所述中心体一端设置有限位装置。本实用新型为三维立体拆装式结构，不仅能有效地锻炼使用者的动手能力，还能加深使用者对 DNA 双螺旋结构的记忆。

权利要求书：

1. 一种 DNA 双螺旋结构教具，其特征在于：包括线状的中心体、均匀穿设在所述中心体上的至少 6 个本体，所述本体为两端是球状的圆柱体，所述中心体一端设置有限位装置。

2. 根据权利要求 1 所述的一种 DNA 双螺旋结构教具，其特征在于：所述本体中心设置有通孔。

3. 根据权利要求 2 所述的一种 DNA 双螺旋结构教具，其特征在于：所述中心体上均匀设置有与所述通孔相配合的定位卡环。

4. 根据权利要求 1 所述的一种 DNA 双螺旋结构教具，其特征在于：所述中心体另一端设置有提手。

说明书：

技术领域

［0001］本实用新型涉及教学用具领域，尤其涉及一种 DNA 双螺旋结构教具。

背景技术

［0002］1953 年，沃森和克里克发现了 DNA 双螺旋的结构，开启了分子生物学时代，使有关遗传的研究深入分子层次，"生命之谜"被打开，人们清楚地了解了遗传信息的构成和传递的途径。在以后的近 50 年里，分子遗传学、分子免疫学、分子生物学等新学科如雨后春笋般出现，一个又一个生命的奥秘从分子角度得到了更清晰的阐明，DNA 重组技术更是为利用生物工程手段的研究和应用开辟了广阔的前景。

［0003］第一个 DNA 双螺旋结构模型的诞生，不仅意味着探明了 DNA

分子的结构，更重要的是它还提示了 DNA 的复制机制：由于腺嘌呤（A）总是与胸腺嘧啶（T）配对、鸟嘌呤（G）总是与胞嘧啶（C）配对，这说明两条链的碱基顺序是彼此互补的，只要确定了其中一条链的碱基顺序，另一条链的碱基顺序也就确定了。因此，只需以其中的一条链为模板，即可合成复制出另一条链。

[0004] 由于 DNA 属于分子级别，需运用电子显微镜观察，这给教学带来了诸多不便，并且教师在讲解 DNA 双螺旋结构时即使使用电子显微镜观察，结构也不是很清晰，所以一般教学都采用图片，然而图片缺乏生动性，不能很好地引起学生们的注意，也不能有效地加深学生对 DNA 双螺旋结构的记忆。

发明内容

[0005] 本实用新型的目的是提供一种结构简单、形象生动的 DNA 双螺旋结构教具。

[0006] 为达到上述目的，本实用新型采用的技术方案是：一种 DNA 双螺旋结构教具，包括线状的中心体、均匀穿设在所述中心体上的至少 6 个本体，所述本体为两端是球状的圆柱体，所述中心体一端设置有限位装置。

[0007] 优选的技术方案，所述本体中心设置有通孔。

[0008] 进一步技术方案，中心体上均匀设置有与所述通孔相配合的定位卡环。

[0009] 优选的技术方案，所述中心体另一端设置有提手。

[0010] 上述技术方案中，旋转的多个本体代表 DNA 双螺旋结构。

[0011] 由于上述技术方案的运用，本实用新型与现有技术相比具有下列优点：

[0012] 本实用新型结构简单，并且为三维立体拆装式结构，不仅能有效地锻炼使用者的动手能力，还能训练使用者的记忆力。

说明书附图

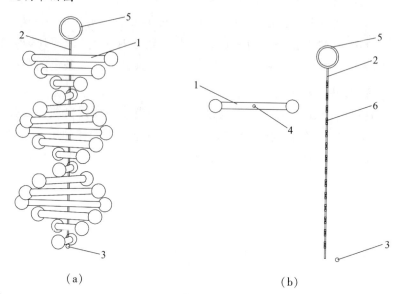

（a）　　　　　　　　　　　（b）

图 1.2

附图说明

［0013］图 1.2（a）为本实用新型结构示意图。

［0014］图 1.2（b）为本实用新型拆分图。

［0015］其中：1. 本体；2. 中心体；3. 限位装置；4. 通孔；5. 提手；6. 定位卡环。

具体实施方式

［0016］下面结合附图及实施例对本实用新型作进一步描述：

［0017］实施例一：

［0018］如图 1.2 所示，一种 DNA 双螺旋结构教具，其包括线状的中心体 2、均匀穿设在中心体上的至少 6 个本体 1，本体 1 为两端为球状的圆柱体，中心体 2 一端设置限位装置 3。

［0019］本体 1 中心设置通孔 4。

［0020］中心体 2 上均匀设置有与通孔 4 相配合的定位卡环 6。

［0021］中心体 2 另一端设置有提手 5。

［0022］旋转的多个本体 1 代表 DNA 双螺旋结构。

［0023］使用时，将多个本体 1 穿在中心体 2 上，并且到达各定位卡环 6，在中心体 2 底部安装好限位装置 3，调整各本体 1，使多个本体 1 整体形

成螺旋形结构。

一种着丝粒结构教具

专利号： ZL 2013 2 0512254. 2

发明人： 曹广力　贡成良　薛仁宇　朱越雄　郑小坚

摘　要： 本实用新型公开了一种着丝粒结构教具，包括镜像设置的两个本体，所述本体包括一长条状连接体、设置在所述连接体中部外侧面的圆盘体、插设在所述圆盘体上的至少四根插杆。本实用新型为三维立体拆装结构，不仅能有效地锻炼使用者的动手能力，而且能加深使用者对着丝粒结构的理解与记忆。

权利要求书：

1. 一种着丝粒结构教具，其特征在于：包括镜像设置的两个本体，所述本体包括一长条状连接体、设置在所述连接体中部外侧面的圆盘体、插设在所述圆盘体上的至少四根插杆。

2. 根据权利要求 1 所述的一种着丝粒结构教具，其特征在于：所述圆盘体设置有三层，所述圆盘体上设置有与所述插杆相对应的通孔。

3. 根据权利要求 1 所述的一种着丝粒结构教具，其特征在于：所述连接体上设置有与所述插杆相配合的插口。

4. 根据权利要求 2 所述的一种着丝粒结构教具，其特征在于：所述插杆上设置有与所述通孔相配合的限位装置。

说明书：

技术领域

[0001] 本实用新型涉及教学用具领域，尤其涉及一种着丝粒结构教具。

背景技术

[0002] 着丝粒是真核生物细胞在进行有丝分裂和减数分裂时，染色体分离的一种"装置"，在染色体的形态上表现为一个缢痕。近年来，电子显微镜下观察发现的资料表明，着丝粒（染色体的主缢痕）为染色质的结构，将染色体分成二臂，在细胞分裂前期和中期，把两个姐妹染色单体连在一起，到后期两个染色单体的着丝粒分开。

[0003] 着丝粒的主要作用是使复制的染色体在有丝分裂和减数分裂中

可均等地分配到子细胞中。在很多高等真核生物中，着丝粒看起来像是在染色体一个点上的浓缩区域，又称主缢痕。此是细胞分裂时纺锤丝附着之处。

[0004] 在两条姐妹染色单体相连处，有一个向内凹陷的缢痕，称为主缢痕。电子显微镜下可见主缢痕两侧有一三层结构的蛋白质成分的特化部位，称为动粒。动粒是着丝粒结合蛋白在有丝分裂染色体着丝粒部位形成的一种圆盘状的结构，微管与之连接，与染色体分离密切相关，每一个中期染色体有两个动粒，位于着丝粒的两侧。

[0005] 若着丝粒丢失了，那么染色体就失去了附着到纺锤丝上的能力，细胞分裂时染色体就会随机地进入子细胞。然而有着丝粒的染色体也会出现这种异常分配，那就是复制后的两个染色体拷贝并不总是正确地分离进入子细胞。在此过程中发生错误的概率通常是很低的。发生错误会引起染色体数目的改变。

[0006] 因此着丝粒的研究尤为重要，由于着丝粒结构微小，需运用电子显微镜观察，这给教学带来了诸多不便，教师在讲解染色体着丝粒时一般用图片，然而图片缺乏生动性，不能很好地激起学生的兴趣，也不能有效地加深学生对着丝粒结构的记忆。

发明内容

[0007] 本实用新型的目的是提供一种结构简单、形象生动的着丝粒结构教具。

[0008] 为达到上述目的，本实用新型采用的技术方案是：一种着丝粒结构教具，包括镜像设置的两个本体，所述本体包括一长条状连接体、设置在所述连接体中部外侧面的圆盘体、插设在所述圆盘体上的至少四根插杆。

[0009] 优选的技术方案，所述圆盘体设置有三层，所述圆盘体上设置有与所述插杆相对应的通孔。

[0010] 进一步技术方案，所述插杆上设置有与所述通孔相配合的限位装置。

[0011] 优选的技术方案，所述连接体上设置有与所述插杆相配合的插门。

[0012] 上述技术方案中，连接体代表染色单体，插杆代表微管，圆盘体代表动粒。

[0013]　由于上述技术方案运用，本实用新型与现有技术相比具有下列优点：

[0014]　本实用新型为三维立体拆装结构，不仅能有效地锻炼使用者的动手能力，更能加深使用者的记忆。

说明书附图

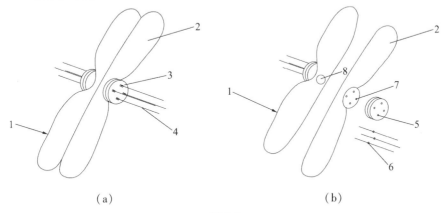

（a）　　　　　　　　　　　　　（b）

图 1.3

附图说明

[0015]　图 1.3（a）为本实用新型的结构示意图。

[0016]　图 1.3（b）为本实用新型的拆分图。

[0017]　其中：1. 本体；2. 连接体；3. 圆盘体；4. 插杆；5. 通孔；6. 限位装置；7. 插口；8. 磁铁。

具体实施方式

[0018]　下面结合附图及实施例对本实用新型作进一步描述：

[0019]　实施例一：

[0020]　如图 1.3 所示，一种着丝粒结构教具，其包括镜像设置的两个本体 1，本体 1 包括一长条状连接体 2、设置在连接体 2 中部外侧面的圆盘体 3、插设在圆盘体 3 上的四根插杆 4。

[0021]　圆盘体 3 设置有三层，圆盘体 3 上设置有与插杆 4 相对应的通孔 5。

[0022]　插杆 4 上设置有与通孔 5 相配合的限位装置 6。

[0023]　连接体 2 上设置有与插杆 4 相配合的插口 7。

[0024]　两个连接体 2 相对的面上设置有磁铁 8。

[0025]　连接体 2 代表染色单体，插杆 4 代表微管，圆盘体 3 代表动粒

（着丝点）。

[0026] 在使用时，将插杆 4 穿过圆盘体 3 固定在连接体 2 上的插口 7，将两个连接体 2 吸附在一起即可。

一种真核细胞染色体模式结构教具

专利号： ZL 2013 1 0277008. 8，ZL 2013 2 0392570. 0

发明人： 曹广力　贡成良　薛仁宇　郑小坚　朱越雄

摘　要： 本实用新型公开了一种真核细胞染色体模式结构教具，其包括"X"形的盒体，一侧固定连接在所述盒体上的盖体，设置在所述盒体内的线状的嵌体。本实用新型结构简单，能生动形象地展示染色体的模式结构。

权利要求书：

1. 一种真核细胞染色体模式结构教具，其特征在于：包括"X"形的盒体，一侧固定连接在所述盒体上的盖体，设置在所述盒体内的线状的嵌体。

2. 根据权利要求 1 所述的一种真核细胞染色体模式结构教具，其特征在于：所述盖体与所述盒体通过卡扣开合。

3. 根据权利要求 1 所述的一种真核细胞染色体模式结构教具，其特征在于：所述嵌体包括螺旋形线状的本体、连接在所述本体一端的端体，所述端体又包括两根连接所述本体的结构线、均匀设置在所述两根结构线间的串条，所述结构线呈螺旋形。

4. 根据权利要求 3 所述的一种真核细胞染色体模式结构教具，其特征在于：所述串条上设置有两个串珠。

说明书：

技术领域

[0001] 本实用新型涉及教学用具领域，尤其涉及一种真核细胞染色体模式结构教具。

背景技术

[0002] 真核细胞在有丝分裂时 DNA 高度螺旋化而呈现特定的形态，此时易被碱性染料着色，称之为常染色体。染色体在复制以后，含有纵向并列的两个染色单体，只有在着丝粒区域仍联在一起，即两条染色单体组

成一条染色体。每条染色体由两条染色单体组成，中间狭窄处称为着丝点，又称主缢痕，它将染色体分为短臂（p）和长臂（q）。染色体臂的末端存在着一种叫作端粒的结构，它有保持染色体完整性的功能。

[0003] 真核染色体含有线性双链 DNA，DNA 和多种类型的相关蛋白质构成染色体。染色体的超微结构显示染色体是由直径仅 10 纳米的 DNA - 组蛋白高度螺旋化的纤维所组成。与核小体结合的组蛋白 H1 诱导其组装成 6 个核小体的环，并且这些环组成圆筒状螺线管结构。

[0004] 真核染色体可被不同程度地浓缩。从染色体的一级结构经螺旋化形成中空的线状体，称为螺线体或螺旋管或核丝或螺线筒，这是染色体的二级结构，其外径约 30 纳米，内径约 10 纳米，相邻螺旋间距为 11 纳米。螺线体再进一步螺旋化，形成直径为 0.4 微米（μm）的筒状体，称为超螺线体，这就是染色体的三级结构。超螺线体进一步折叠盘绕后，形成染色单体——染色体的四级结构。

[0005] 在教学领域中，对于染色体的结构教学通常是通过图片形式，但图片形式缺少立体感，也不生动，难以激发学生的兴趣，也不能很好地展现染色体的具体结构特征。

发明内容

[0006] 本实用新型的目的是提供一种结构简单、能够良好展现染色体结构的染色体模式结构教具。

[0007] 为达到上述目的，本实用新型采用的技术方案是：一种真核细胞染色体模式结构教具，其包括"X"形的盒体，一侧固定连接在所述盒体上的盖体，设置在所述盒体内的线状的嵌体。

[0008] 优选的技术方案，所述盖体与所述盒体通过卡扣开合。

[0009] 优选的技术方案，所述嵌体包括螺旋形线状的本体、连接在所述本体一端的端体，所述端体又包括两根连接所述本体的结构线、均匀设置在所述两根结构线间的串条，所述结构线呈螺旋形。

[0010] 进一步技术方案，所述串条上设置有两个串珠。

[0011] 上述技术方案中，螺旋形的本体为软质线，可以受力拉伸；端体的结构线也为软质线，可以受力拉伸。

[0012] 染色体的一级结构经螺旋化形成中空的线状体，称为螺线体或核丝或螺线筒或螺旋管，这是染色体的二级结构，螺线体的每一周螺旋包括 6 个核小体；螺线体再进一步螺旋化，形成超螺线体，这就是染色体的三

级结构；超螺线体进一步折叠盘绕后，形成染色单体，这就是染色体的四级结构；两条染色单体组成一条染色体。

[0013] 上述技术方案中，所述盒体代表真核细胞的中期染色体，嵌体代表染色单体中的 DNA 分子，串条代表碱基对，串珠代表碱基，可用不同颜色来表示不同类型的碱基。

[0014] 由于上述技术方案的运用，本实用新型与现有技术相比具有下列优点：

[0015] 本实用新型结构简单、使用方便，不仅能具体地展示染色体的结构，而且通过三维立体结构可加深使用者对于染色体模式结构的记忆。

说明书附图

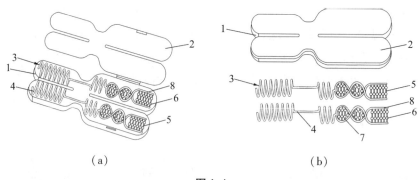

（a）　　　　　　　　　　　　　　（b）

图 1.4

附图说明

[0016] 图 1.4（a）为本实用新型示意图。

[0017] 图 1.4（b）为本实用新型拆分图。

[0018] 其中：1. 盒体；2. 盖体；3. 嵌体；4. 本体；5. 串条；6. 串珠；7. 端体；8. 结构线。

具体实施方式

[0019] 下面结合附图及实施例对本实用新型作进一步描述：

[0020] 实施例一：

[0021] 如图 1.4 所示，一种染色体模式结构教具，其包括"X"形的盒体 1，一侧固定连接在盒体 1 上的盖体 2，设置在盒体 1 内的线状的嵌体 3。

[0022] 盖体 2 与盒体 1 通过卡扣开合。

[0023] 嵌体 3 包括螺旋形线状的本体 4、连接在本体 4 一端的端体 7，

端体 7 又包括两根连接本体 4 的结构线 8、均匀设置在两根结构线 8 间的串条 5，结构线 8 呈螺旋形。

[0024] 串条 5 上设置有两个串珠 6。

[0025] 串珠 6 可以制成红、蓝、黄、绿四种不同的颜色，各代表染色体中的四种碱基 A、T、C、G，其中 A 与 T 配对、C 与 G 配对，即红色、蓝色串珠 6 在一条串条 5 上，黄色、绿色串珠 6 在一条串条 5 上。

[0026] 盒体 1 代表染色体，盒体 1 为 "X" 形，从中间分为左右两部分，其中左半部及右半部各代表一条染色单体，左半部与右半部中间连接处代表染色体上的着丝粒，嵌体 3 代表染色单体中的 DNA 分子，串条 5 代表碱基对。

[0027] 本实施例结构简单，能生动形象地表现染色体的结构特征。

人第 6 染色体短臂 HLA 基因模型教具

专利号：ZL 2014 2 0301046. 2
发明人：赵英伟　朱越雄　曲春香　王蕾

摘　要：本实用新型公开了一种人第 6 染色体短臂 HLA 基因模型教具，包括环状提手，活动连接在提手底部的串杆，穿设在串杆上的串体；串杆通过轴承与提手相连，串杆上设置有卡位，串体通过卡位固定于串杆上，串体设置有 17 个。本实用新型结构简单、拆卸灵活，可提高使用者的记忆力，以及令使用者加深对于人第 6 染色体短臂 HLA 基因生物学特征的理解和印象。

权利要求书：

1. 人第 6 染色体短臂 HLA 基因模型教具，其特征在于：包括环状提手，活动连接在所述提手底部的串杆，穿设在所述串杆上的串体；所述串杆通过轴承与所述提手相连，所述串杆上设置有卡位，所述串体通过所述卡位固定于所述串杆上，所述串体设置有 17 个。

说明书：

技术领域

[0001] 本实用新型涉及教学用具领域，尤其涉及人第 6 染色体短臂 HLA 基因模型教具。

背景技术

[0002] HLA 基因复合体位于第 6 染色体短臂 6p21.31，全长 3 600 kb。经典的 HLA I 类基因集中在远离着丝点的一端，按序包括 B、C、A 三个座位，产物称为 HLA I 类分子。I 类基因仅编码 I 类分子异二聚体中的重链（α 链），轻链为 β_2 微球蛋白（β_2 microglobulin，β_2 m），其编码基因位于第 15 号染色体。经典的 HLA I 类分子由重链（α 链）和（β_2 m）组成，I 类分子重链（α 链）胞外段有三个结构域（α1、α2、α3），远膜端的两个结构域 α1 和 α2 构成抗原结合槽，而 α3 和 β_2 m 属于免疫球蛋白超家族结构域，HLA I 类分子分布于所有有核细胞表面。

[0003] 经典的 HLA II 类分子由 HLA II 类基因所编码。HLA II 类基因在复合体中靠近着丝点，结构较为复杂，顺序由 DP、DQ 和 DR 三个亚区组成。每一亚区又包括两个或两个以上的功能基因座位，分别编码分子量相近的 α 链和 β 链，形成 DRα-DRβ、DQα-DQβ 和 DPα-DPβ 三种异二聚体。HLA II 类分子由 α 链和 β 链组成，α、β 链各有两个胞外结构域（α1、α2；β1、β2），其中 α1 和 β1 共同组成抗原结合槽，α2 和 β2 为免疫球蛋白超家族结构域。HLA II 类分子仅表达于淋巴组织中的某些细胞表面，如专职抗原提呈细胞（包括 B 细胞、巨噬细胞、树突状细胞）、胸腺上皮细胞和活化的 T 细胞等。

[0004] 经典的 I 类和 II 类分子通过提呈抗原肽而激活 T 淋巴细胞，参与调控适应性免疫应答。I 类分子（A、B、C）识别和提呈内源性抗原肽，与辅助受体 CD8 结合，对 CTL 的识别起限制作用；II 类分子（DR、DQ、DP）识别和提呈外源性抗原肽，与辅助受体 CD4 结合，对 Th 的识别起限制作用。

[0005] 非经典 I 类基因中目前研究得较多的是 HLA-E 和 HLA-G，其产物都是由重链和 β_2 m 组成的。HLA-E 分子可表达于各种组织细胞，在羊膜和滋养层细胞表面高表达；HLA-E 分子通常和信号肽构成复合体，由于和抑制性受体（CD94/NKG2A）结合的亲和力明显高于和激活性受体（CD94/NKG2C）结合的亲和力，造成生理条件下 NK 细胞处于抑制状态。HLA-G 分子主要分布于母胎界面绒毛外滋养层细胞，在母胎耐受中发挥作用。

[0006] 经典的 HLA III 类为血清补体成分编码基因，位于 HLA 复合体中部的 III 类基因区，按序包括 C4B、C4A、Bf 和 C2 基因，所表达的产物为

C4B、C4A、Bf 和 C2 等补体。经典的Ⅲ类分子为补体成分，参与炎症反应、参与对病原体的杀伤作用、参与免疫性疾病的发生。

［0007］在教学领域，一般都是通过示意图来展示 HLA 基因复合体的结构特征，但图片形式缺少生动性，学生不容易记住 HLA 基因复合体的结构特征。

发明内容

［0008］本实用新型的目的是提供一种人第 6 染色体短臂 HLA 基因模型教具。

［0009］为达到上述目的，本实用新型采用的技术方案是：人第 6 染色体短臂 HLA 基因模型教具，包括环状提手，活动连接在所述提手底部的串杆，穿设在所述串杆上的串体；所述串杆通过轴承与所述提手相连，所述串杆上设置有卡位，所述串体通过所述卡位固定于所述串杆上，所述串体设置有 17 个。

［0010］上述技术方案中，串体为圆柱体，在串杆上均匀地设置卡位，串体分为 3 组，从提手处开始，第一组为 6 个，第二组为 4 个，第三组为 7 个，每个串体各占一个卡位，每组之间空两个卡位。

［0011］提手代表人第 6 染色体短臂 HLA 基因中的着丝点，串体由串杆顶部开始各个分别代表 F 基因、G 基因、H 基因、A 基因、E 基因、C 基因、B 基因、C3 基因、Bf 基因、C4A 基因、C4B 基因、DRA 基因、DRB 基因、DQA 基因、DQB 基因、DPA 基因、DPB 基因。

［0012］由于上述技术方案的运用，本实用新型与现有技术相比具有下列优点：

［0013］本实用新型结构简单，为三维可拆卸结构，可灵活拆卸，可提高使用者的记忆力，以及令使用者加深对人第 6 染色体短臂 HLA 基因生物学特征的理解和印象。

说明书附图

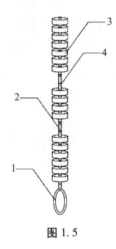

图 1.5

附图说明

[0014] 图 1.5 为本实用新型结构示意图。

[0015] 其中：1. 提手；2. 串杆；3. 串体；4. 卡位。

具体实施方式

[0016] 下面结合附图及实施例对本实用新型作进一步描述：

[0017] 实施例一：

[0018] 如图 1.5 所示，人第 6 染色体短臂 HLA 基因模型教具，包括环状提手 1，活动连接在提手 1 底部的串杆 2，穿设在串杆 2 上的串体 3；串杆 2 通过轴承与提手 1 相连，串杆 2 上设置有卡位 4，串体 3 通过卡位 4 固定于串杆 2 上，串体 3 设置有 17 个。

[0019] 串体 3 为圆柱体，在串杆 2 上均匀地设置卡位，串体 3 分为 3 组，从提手 1 处开始，第一组为 6 个，第二组为 4 个，第三组为 7 个，每个串体 3 各占一个卡位 4，每组之间空两个卡位 4，在串体 3 表面贴有贴膜，贴膜上印制有基因代码。

[0020] 提手 1 代表人第 6 染色体短臂 HLA 基因中的着丝点，串体 3 由串杆 2 顶部开始各分别代表 F 基因、G 基因、H 基因、A 基因、E 基因、C 基因、B 基因、C3 基因、Bf 基因、C4A 基因、C4B 基因、DRA 基因、DRB 基因、DQA 基因、DQB 基因、DPA 基因、DPB 基因。

二、细胞生物学部分

跨膜线粒体融合素的模式结构模型教具

专利号： ZL 2015 2 0748381.1

发明人： 曹广力　朱越雄

摘　要： 本实用新型公开了一种跨膜线粒体融合素的模式结构模型教具，包括第一本体、第二本体、嵌设在第一本体内的第一嵌体、嵌设在第二本体内的第二嵌体、设置在所述第一嵌体顶端的连接体、设置在所述连接体顶端的连接球，第一嵌体与第二嵌体通过第一连接杆连接，第一嵌体与连接体通过第二连接杆连接，连接体与连接球通过第三连接杆连接，连接体顶端设置有第一伸出杆，连接球一端设置有第二伸出杆。本实用新型结构简单、拆装灵活，能生动形象地展示跨膜线粒体融合素的模式结构。

权利要求书：

1. 一种跨膜线粒体融合素的模式结构模型教具，其特征在于：包括第一本体、第二本体、嵌设在所述第一本体内的第一嵌体、嵌设在第二本体内的第二嵌体、设置在所述第一嵌体顶端的连接体、设置在所述连接体顶端的连接球，所述第一本体为长方体，所述第二本体为长方体，所述第一嵌体包括竖直设置的两个圆柱体，所述第二嵌体为球体，所述连接体包括竖直设置的两个圆柱体，所述第一本体上、下表面均设有圆球，所述第二本体上、下表面均设有圆球，所述第一嵌体与所述第二嵌体通过第一连接杆连接，所述第一嵌体与所述连接体通过第二连接杆连接，所述连接体与所述连接球通过第三连接杆连接，所述连接体顶端设置有第一伸出杆，所述连接球一端设置有第二伸出杆。

2. 根据权利要求 1 所述的跨膜线粒体融合素的模式结构模型教具，其特征在于：所述第一本体上设置有与所述第一嵌体相配合的第一凹槽，所述第二本体上设置有与所述第二嵌体相配合的第二凹槽。

说明书：

技术领域

[0001] 本实用新型涉及教学用具领域，尤其涉及跨膜线粒体融合素的

模式结构模型教具。

背景技术

[0002] 线粒体融合与分裂均依赖于特定的基因和蛋白质的调控。

[0003] 调控线粒体融合所必需的基因最早发现于果蝇，即决定果蝇精细胞线粒体融合的基因——Fzo。在野生型果蝇精细胞发育过程中，细胞内的线粒体发生聚集并融合形成一个大体积的球形线粒体。分子遗传学研究结果表明，决定果蝇精细胞线粒体融合的基因（Fzo，模糊的葱头）编码一个跨膜大分子GTP酶，定位在线粒体外膜上，介导线粒体融合。

[0004] 进一步研究发现，与Fzo具有高度同源性的基因家族广泛存在于酵母和哺乳动物的基因组内。与这些基因编码结构类似的大分子三磷酸鸟苷（GTP）酶，其核心功能也是介导线粒体融合。在哺乳动物中，上述大分子GTP酶被称作线粒体融合素，又称为线粒体融合蛋白，而编码线粒体融合素的Fzo同源基因被称作Mfn（如小鼠的Mfn1和Mfn2等）。其中研究较多的是小鼠的Mfn2基因，可编码一个由757个氨基酸残基组成的蛋白质，其N末端有GTP酶结构域，C末端有HR2结构域形成跨膜区，两次跨膜于线粒体外膜。N末端的GTP酶结构域和C末端的HR2结构域都向着细胞质。两个跨膜区中间则位于膜间隙，介导内外膜链接。

[0005] 在教学领域一般用示意图来展示跨膜线粒体融合素的模式结构，但是用平面的图片不能够很好地演示、分析及讲解，所以需要一个三维的模型进行辅助讲解。

[0006] 在教学领域一般用示意图来展示"模糊的葱头"（Fzo）与跨膜大分子三磷酸鸟苷（GTP）酶的模式结构，但是用平面的图片不能够很好地演示、分析及讲解，所以需要一个三维的模型进行辅助讲解。

发明内容

[0007] 本实用新型的目的是提供一种拆装灵活、生动形象的跨膜线粒体融合素的模式结构模型教具。

[0008] 为达到上述目的，本实用新型采用的技术方案是：跨膜线粒体融合素的模式结构模型教具，包括第一本体、第二本体、嵌设在所述第一本体内的第一嵌体、嵌设在第二本体内的第二嵌体、设置在所述第一嵌体顶端的连接体、设置在所述连接体顶端的连接球，所述第一本体为长方体，所述第二本体为长方体，所述第一嵌体包括竖直设置的两个圆柱体，所述第二嵌体为球体，所述连接体包括竖直设置的两个圆柱体，所述第一本体

上、下表面均设有圆球，所述第二本体上、下表面均设有圆球，所述第一嵌体与所述第二嵌体通过第一连接杆连接，所述第一嵌体与所述连接体通过第二连接杆连接，所述连接体与所述连接球通过第三连接杆连接，所述连接体顶端设置有第一伸出杆，所述连接球一端设置有第二伸出杆。

[0009] 优选的技术方案，所述第一本体上设置有与所述第一嵌体相配合的第一凹槽，所述第二本体上设置有与所述第二嵌体相配合的第二凹槽。

[0010] 上述技术方案中，第一本体代表线粒体外膜，第二本体代表线粒体内膜，第一嵌体与连接体组合代表线粒体融合蛋白的 C 末端两次跨膜的 HR2 结构域，第二嵌体代表线粒体内膜的嵌入蛋白（不在融合蛋白范围内），连接球代表 GTP 酶，第一伸出杆代表 C 端，第二伸出杆代表 N 端。

[0011] 由于上述技术方案的运用，本实用新型与现有技术相比具有下列优点：

[0012] 本实用新型结构简单，拆装灵活，能生动形象地展示跨膜线粒体融合素的模式结构。

说明书附图

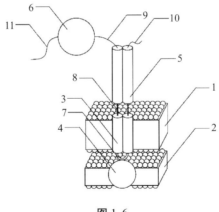

图 1.6

附图说明

[0013] 图 1.6 为本实用新型结构示意图。

[0014] 其中：1. 第一本体；2. 第二本体；3. 第一嵌体；4. 第二嵌体；5. 连接体；6. 连接球；7. 第一连接杆；8. 第二连接杆；9. 第三连接杆；10. 第一伸出杆；11. 第二伸出杆。

具体实施方式

[0015] 下面结合附图及实施例对本实用新型作进一步描述：

[0016] 实施例一：

[0017] 如图1.6所示，跨膜线粒体融合素的模式结构模型教具，包括第一本体1、第二本体2、嵌设在第一本体1内的第一嵌体3、嵌设在第二本体2内的第二嵌体4、设置在第一嵌体3顶端的连接体5、设置在连接体5顶端的连接球6，第一本体1为长方体，第二本体2为长方体，第一嵌体3包括竖直设置的两个圆柱体，第二嵌体4为球体，连接体5包括竖直设置的两个圆柱体，第一本体1上、下表面均设有圆球，第二本体2上、下表面均设有圆球，第一嵌体3与第二嵌体4通过第一连接杆7连接，第一嵌体3与连接体5通过第二连接杆8连接，连接体5与连接球6通过第二连接杆9连接，连接体5顶端设置有第一伸出杆10，连接球6一端设置有第二伸出杆11。

[0018] 第一本体1上设置有与第一嵌体3相配合的第一凹槽，第二本体2上设置有与第二嵌体4相配合的第二凹槽。

[0019] 使用方法：第一本体1代表线粒体外膜，第二本体2代表线粒体内膜，第一嵌体3与连接体5组合代表跨膜线粒体融合素的C末端两次跨膜的HR2结构域，第二嵌体4代表线粒体内膜的嵌入蛋白（不在线粒体融合素范围内），连接球6代表GTP酶，第一伸出杆10代表C端，第二伸出杆11代表N端。

层粘连蛋白结构模型教具

专利号： ZL 2017 2 0007741.1

发明人： 曹广力　朱越雄

摘　要： 本实用新型公开了一种层粘连蛋白结构模型教具，包括中心杆、穿设在所述中心杆下端的椭球体、螺旋缠绕在所述中心杆上的第一螺旋杆和第二螺旋杆，所述第一螺旋杆的上端部穿设有两颗串珠，所述第二螺旋杆的上端部穿设有两颗串珠，所述中心杆的上端部穿设有三颗第二串珠。本实用新型结构简单合理，为拆装式的三维立体结构，更适合教学使用，能充分调动学生的兴趣及提高学生的动手能力。

权利要求书：

1. 一种层粘连蛋白结构模型教具，其特征在于：包括中心杆、穿设在所述中心杆下端的椭球体、螺旋缠绕在所述中心杆上的第一螺旋杆和第二螺旋杆，所述第一螺旋杆的上端部穿设有两颗串珠，所述第二螺旋杆的上端部穿设有两颗串珠，所述中心杆的上端部穿设有三颗第二串珠。

2. 根据权利要求 1 所述的层粘连蛋白结构模型教具，其特征在于：所述串珠为球形。

3. 根据权利要求 1 所述的层粘连蛋白结构模型教具，其特征在于：所述第二串珠为立方体形。

说明书：

技术领域

[0001] 本实用新型涉及教学用具领域，具体涉及一种三维立体可拆装式层粘连蛋白结构模型教具。

背景技术

[0002] 层粘连蛋白是一种糖蛋白，主要分布于各种动物胚胎及成体组织的基膜结构中，是基膜所特有的非胶原糖蛋白。层粘连蛋白相对分子质量为 820 kDa，不仅其含糖量很高（占 25%—30%），而且糖链结构也最为复杂，层粘连蛋白通过二硫键将一条 α 链、一条 β 链及 γ 链连在一起，分子外形似"十"字形状。由一条长臂和三条相似的短臂构成。这四条臂均有棒状节段和球状的末端域。β 链和 γ 链短臂（N 末端）上各有两个球形结构域，β 链的 2 个球形结构域区段能结合 IV 型胶原，其中最靠近 N 末端的 1 个球形结构域能结合硫酸化脂质。γ 链的 2 个球形结构域区段能结合整联蛋白或巢蛋白，其中最靠近 N 末端的 1 个球形结构域能结合胶原或硫酸化脂质。α 链上的短臂（N 末端）有三个球形结构域，同时在 α 链的另一端（C 末端）有一个能结合整联蛋白或硫酸乙酰肝素的结构域。正是这些独立的结合位点使层粘连蛋白作为一个桥梁分子，介导细胞同基膜结合。

[0003] 在生物学教学领域，深入了解层粘连蛋白具有重要意义，传统教学中常采用示意图来展示层粘连蛋白，图片的局限性无法生动体现其原理，不能达到理想的教学效果。

发明内容

[0004] 本实用新型的目的是提供一种三维立体、可拆卸的层粘连蛋白结构模型教具。

[0005] 为达到上述目的，本实用新型采用的技术方案是：层粘连蛋白结构模型教具，包括中心杆、穿设在所述中心杆下端的椭球体、螺旋缠绕在所述中心杆上的第一螺旋杆和第二螺旋杆，所述第一螺旋杆的上端部穿设有两颗串珠，所述第二螺旋杆的上端部穿设有两颗串珠，所述中心杆的上端部穿设有三颗第二串珠。

[0006] 上述技术方案中，中心杆与第一螺旋杆及第二螺旋杆互相缠绕设置。

[0007] 优选的技术方案，所述串珠为球形。

[0008] 优选的技术方案，所述第二串珠为立方体形。

[0009] 本实用新型的工作原理：

[0010] 层粘连蛋白结构模型教具中的中心杆代表层粘连蛋白分子的 α 链，椭球体（位于 C 末端）代表结合整联蛋白或硫酸乙酰肝素的结构域，第一螺旋杆代表 β 链，第二螺旋杆代表 γ 链，第一螺旋杆端部的第一串珠代表结合硫酸化脂质的结构域，而包含两颗串珠的第一螺旋杆端部（β 链 N 末端区段）代表结合 IV 型胶原的结构域。第二螺旋杆端部的第一串珠代表结合胶原或硫酸化脂质的结构域，而包含两颗串珠的第二螺旋杆端部（γ 链 N 末端区段）代表结合整联蛋白或巢蛋白结构域。

[0011] 由于上述技术方案的运用，本实用新型与现有技术相比具有下列优点：

[0012] 本实用新型结构简单合理，为拆装式的三维立体结构，更适合教学使用，能充分调动学生的兴趣及提高学生的动手能力，从而加深学生对层粘连蛋白结构的记忆。

说明书附图

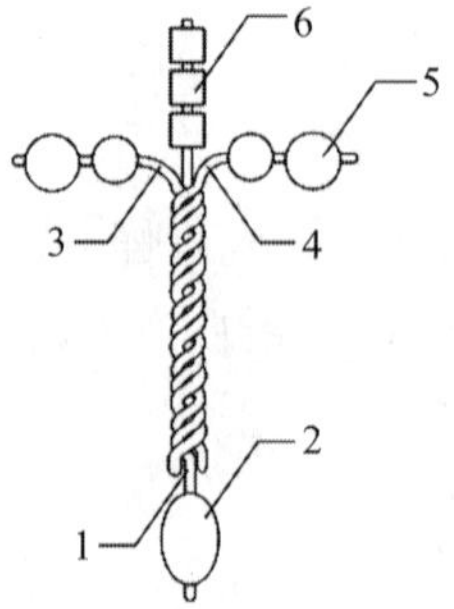

图 1.7

附图说明

［0013］图1.7为本实用新型结构示意图。

［0014］其中：1. 中心杆；2. 椭球体；3. 第一螺旋杆；4. 第二螺旋杆；5. 第一串珠；6. 第二串珠。

具体实施方式

［0015］下面结合附图及实施例对本实用新型作进一步描述：

［0016］实施例一：

［0017］如图1.7所示，层粘连蛋白结构模型教具，包括中心杆1、穿设在中心杆1下端的椭球体2、螺旋缠绕在中心杆1上的第一螺旋杆3和第二螺旋杆4，第一螺旋杆3的上端部穿设有两颗第一串珠5，第二螺旋杆4的上端部穿设有两颗第一串珠5，中心杆1的上端部穿设有三颗第二串珠6。

［0018］中心杆1、第一螺旋杆3及第二螺旋杆4互相缠绕设置。

［0019］第一串珠5为球形。

［0020］第二串珠6为立方体形。

［0021］本实施例的使用方法：

［0022］层粘连蛋白结构模型教具中的中心杆1代表层粘连蛋白分子的α链，椭球体2（位于C末端）代表结合整联蛋白或硫酸乙酰肝素的结构域，第一螺旋杆3代表β链，第二螺旋杆4代表γ链，第一螺旋杆3端部的第一串珠5代表结合硫酸化脂质的结构域，而包含两颗第一串珠5的第一螺旋杆3端部（β链N末端区段）代表结合Ⅳ型胶原的结构域。第二螺旋杆4端部的第一串珠5代表结合胶原或硫酸化脂质的结构域，而包含两颗第一串珠5的第二螺旋杆4端部（γ链N末端区段）代表结合整联蛋白或巢蛋白结构域。

［0023］教师在教学讲解时，可以根据需要拆解模型或者拼装模型，同时对模型及模型各部件进行既详细又生动的讲解。

整联蛋白结构模型教具

专利号：ZL 2017 2 0007689. X

发明人：曹广力　朱越雄

摘　要：本实用新型公开了整联蛋白结构模型教具，包括左本体及右本体，所述左本体包括第一立杆、设置在所述第一立杆顶端的第一端块，所述第一端块上设置有四个凹槽，所述凹槽内设置有嵌珠；所述右本体包括第二立杆、设置在所述第二立杆顶端的第二端块、设置在所述第二立杆上的四个横杆，所述第二端块上设置有一个第二凹槽，所述第二凹槽内嵌设有嵌珠。本实用新型结构简单紧凑，采用拆装式三维立体结构，能生动地展现出整联蛋白的生物结构特性。

权利要求书：

1. 一种整联蛋白结构模型教具，其特征在于：包括左本体及右本体，所述左本体包括第一立杆、设置在所述第一立杆顶端的第一端块，所述第一端块上设置有四个凹槽，所述凹槽内设置有嵌珠；所述右本体包括第二立杆、设置在所述第二立杆顶端的第二端块、设置在所述第二立杆上的四个横杆，所述第二端块上设置有一个第二凹槽，所述第二凹槽内嵌设有嵌珠。

2. 根据权利要求 1 所述的整联蛋白结构模型教具，其特征在于：四个所述横杆相互平行设置，所述第二立杆上设置有与所述横杆相配合的通孔。

3. 根据权利要求 1 所述的整联蛋白结构模型教具，其特征在于：所述第一立杆包括上立杆、下立杆及连接所述上立杆、下立杆的串杆，所述串杆上穿设有两颗串珠。

4. 根据权利要求 1 所述的整联蛋白结构模型教具，其特征在于：所述第一端块为长方体形。

说明书：

技术领域

[0001] 本实用新型涉及教学用具领域，具体涉及具有三维立体拆装结构的整联蛋白结构模型教具。

背景技术

[0002] 整联蛋白普遍存在于脊椎动物细胞表面，属于异亲型结合、Ca^{2+} 或 Mg^{2+} 依赖性的细胞黏着分子，主要介导细胞与胞外基质间的黏着。整联蛋白由 α、β 两个亚基形成跨膜异二聚体。目前至少已经鉴定出人类有 24 种不同的 α 亚基和 9 种不同的 β 亚基，可与胞外基质配体结合，有时也与其他细胞表面配体结合。

[0003] 整联蛋白通过与胞内骨架蛋白的相互作用介导细胞与胞外基质的黏着。大多数整联蛋白 β 亚基的胞内部分通过踝蛋白、α -辅肌动蛋白、细丝蛋白、纽蛋白等与细胞内的肌动蛋白纤维相互作用，而胞外部分则通

过自身结构域与纤连蛋白、层粘连蛋白等含有 Arg-Gly-Asp（RGD）三肽序列的胞外基质成分结合，介导细胞与胞外基质的黏着。整联蛋白介导细胞与胞外基质黏着的典型结构有黏着斑和半桥粒。

[0004] 整联蛋白参与的信号传递方向有"由内向外"及"由外向内"两种形式。血小板及白细胞的整联蛋白往往以无活性的形式存在于细胞表面。当细胞内信号传递启动后，如 PIP2 激活踝蛋白，引起踝蛋白与整联蛋白 β 链的结合能力增强，导致整联蛋白胞外构象的改变而增强与其他胞外配体的结合能力，最后介导细胞黏着。这种由细胞内部信号传递的启动而调节细胞表面整联蛋白的活性的方式称为"由内向外"的信号传导。

[0005] 整联蛋白还可作为受体介导信号从细胞外环境到细胞内的转导，这种方式称为"由外向内"的信号转导。这种整联蛋白介导的"由外向内"的信号转导通路依赖细胞内酪氨酸激酶——黏着斑激酶。一旦与配体结合，整联蛋白就会快速与肌动蛋白细胞骨架产生联系，并聚集在一起形成黏着斑。在黏着斑形成部位，还有结构蛋白，如纽蛋白、踝蛋白及 α-辅肌动蛋白。

[0006] 在生物教学领域，深入了解整联蛋白极为重要。但是传统教学中常采用示意图来展示整联蛋白，而图片存在局限性，无法生动地体现整联蛋白立体构造及构成，不能达到理想的教学效果。

发明内容

[0007] 本实用新型的目的是提供一种结构紧凑、可拆装的三维结构的整联蛋白结构模型教具。

[0008] 为达到上述目的，本实用新型采用的技术方案是：整联蛋白结构模型教具，包括左本体及右本体，所述左本体包括第一立杆、设置在所述第一立杆顶端的第一端块，所述第一端块上设置有四个凹槽，所述凹槽内设置有嵌珠；所述右本体包括第二立杆、设置在所述第二立杆顶端的第二端块、设置在所述第二立杆上的四个横杆，所述第二端块上设置有一个第二凹槽，所述第二凹槽内嵌设有嵌珠。

[0009] 上述技术方案中，第二端块为一具有平整底面的弧形块状整体。

[0010] 优选的技术方案，四个所述横杆相互平行设置，所述第二立杆上设置有与所述横杆相配合的通孔。

[0011] 优选的技术方案，所述第一立杆包括上立杆、下立杆及连接所

述上立杆、下立杆的串杆，所述串杆上穿设有两颗串珠。

［0012］优选的技术方案，所述第一端块为长方体形。

［0013］本实用新型的工作原理：

［0014］上立杆代表整联蛋白中的 α 亚基，下立杆代表 COOH，即 C 末端，右本体代表 β 亚基，第一端块与第二端块代表胞外基质结合部位，嵌珠代表二价阳离子。

［0015］由于上述技术方案的运用，本实用新型与现有技术相比具有下列优点：

［0016］1. 本实用新型结构简单紧凑，采用拆装式三维立体结构，能生动地展现出整联蛋白的生物结构特性，在教学过程中，有效地提高了学生的学习兴趣，锻炼了学生的动手能力，加深了学生对于整联蛋白结构的记忆。

说明书附图

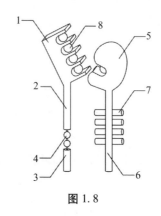

图 1.8

附图说明

［0017］图 1.8 为本实用新型实施例一的结构示意图。

［0018］其中：1. 第一端块；2. 上立杆；3. 下立杆；4. 串珠；5. 第二端块；6. 第二立杆；7. 横杆；8. 嵌珠。

具体实施方式

［0019］下面结合附图及实施例对本实用新型作进一步描述：

［0020］实施例一：

［0021］如图 1.8 所示，整联蛋白结构模型教具，包括左本体及右本体，左本体包括第一立杆、设置在第一立杆顶端的第一端块 1，第一端块 1 上设置有四个凹槽，凹槽内设置有嵌珠 8；右本体包括第二立杆 6、设置在

第二立杆 6 顶端的第二端块 5、设置在第二立杆 6 上的四个横杆 7，第二端块 5 上设置有一个第二凹槽，第二凹槽内嵌设有嵌珠 8。

[0022] 第二端块 5 为一具有平整底面的弧形块状整体。

[0023] 四个横杆 7 相互平行设置，第二立杆 6 上设置有与横杆 7 相配合的通孔。

[0024] 第一立杆包括上立杆 2、下立杆 3 及连接上立杆 2、下立杆 3 的串杆，串杆上穿设有两颗串珠 4。

[0025] 第一端块 1 为长方体形。

[0026] 本实施例的使用方法：

[0027] 上立杆 2 代表整联蛋白中的 α 亚基，下立杆 3 代表 COOH 即 C 末端，右本体代表 β 亚基，第一端块 1 与第二端块 5 代表胞外基质结合部位，嵌珠 8 代表二价阳离子。

[0028] 教师在教学讲解时，可以根据需要拆解模型或者拼装模型，同时对模型及模型各部件进行详细生动的讲解。

半桥粒结构模型教具

专利号： ZL 2018 2 0202540.1

发明人： 曹广力　朱越雄

摘　要： 本实用新型公开了一种半桥粒结构模型教具，透明的盒体及透明的盖体，所述盒体顶面具有一圆形开口，所述盒体内设置有内嵌体、条状的第一嵌体、第二嵌体、第三嵌体；所述内嵌体包括两个自上而下平行设置的圆盘状的本体、固定设置在所述本体上端部的线状体、固定设置在所述本体下端部的第一插体及第二插体，所述第三嵌体由多根细管平行排列组成。本实用新型结构简单、紧凑，生动形象，有助于教师讲解和学生记忆。

权利要求书：

1. 半桥粒结构模型教具，其特征在于：透明的盒体及透明的盖体，所述盒体顶面具有一圆形开口，所述盒体内设置有内嵌体、条状的第一嵌体、第二嵌体、第三嵌体；所述内嵌体包括两个自上而下平行设置的圆盘状的本体、固定设置在所述本体上端部的线状体、固定设置在所述本体下端部的第一插体及第二插体，所述本体边缘设置有卡扣，所述本体通过所述卡扣卡合在所述开口内，所述第三嵌体由多根细管平行排列组成。

2. 根据权利要求 1 所述的半桥粒结构模型教具，其特征在于：所述第一插体为一末端凸起呈球状的圆柱体，所述第一插体末端设置有一个缺口，所述第一插体中间部固定设置有与所述第一插体垂直设置的多个横杆。

3. 根据权利要求 1 所述的半桥粒结构模型教具，其特征在于：所述第二插体为一末端凸起呈球状的圆柱体，所述第二插体末端设置有多个缺口。

4. 根据权利要求 1 所述的半桥粒结构模型教具，其特征在于：所述第一嵌体设置有三根。

5. 根据权利要求 1 所述的半桥粒结构模型教具，其特征在于：所述第二嵌体设置有两根。

6. 根据权利要求 1 所述的半桥粒结构模型教具，其特征在于：所述第三嵌体设置有三根。

7. 根据权利要求 1 所述的半桥粒结构模型教具，其特征在于：所述第一插体末端与所述第二嵌体间活动设置有连接杆，所述第二插体末端与所述第二嵌体间活动设置有连接杆。

说明书：

技术领域

［0001］本实用新型涉及教学用具领域，具体涉及半桥粒结构模型教具。

背景技术

［0002］桥粒是连接相邻细胞间的锚定连接方式，最明显的形态特征是细胞内锚蛋白形成独特的盘状致密斑，一侧与细胞内的中间丝相连，另一侧与跨膜黏附性蛋白质相连，在两个细胞之间形成纽扣样结构，将相邻细胞铆接在一起。胞内锚蛋白包括桥粒斑珠蛋白和桥粒斑蛋白。跨膜黏附性蛋白质属于钙黏蛋白家族，包括桥粒芯蛋白和桥粒芯胶黏蛋白等。细胞内中间丝依据细胞类型不同而种类有异，在上皮细胞主要是角蛋白丝。

［0003］半桥粒在形态上与桥粒类似，但功能和化学组成不同。半桥粒是细胞与胞外基质间的连接形式，参与的细胞骨架仍然是中间丝，但其细胞膜上的跨膜黏附性蛋白质是整联蛋白，与整联蛋白相连的胞外基质是层黏连蛋白。通过半桥粒，上皮细胞可以黏着在基膜上。

［0004］现有技术中，一般采用图片来展示半桥粒的结构特征，但是图片缺乏生动性，不能很好地展示半桥粒的生物结构特性。

发明内容

[0005] 本实用新型的目的是提供一种结构紧凑、生动形象的三维立体可拆装的半桥粒结构模型教具。

[0006] 为达到上述目的，本实用新型采用的技术方案是：半桥粒结构模型教具，透明的盒体及透明的盖体，所述盒体顶面具有一圆形开口，所述盒体内设置有内嵌体、条状的第一嵌体、第二嵌体、第三嵌体；所述内嵌体包括两个自上而下平行设置的圆盘状的本体、设置在所述本体上端部的线状体、设置在所述本体下端部的第一插体及第二插体，所述第三嵌体由多根细管平行排列组成。

[0007] 上述技术方案中，处在下方的本体上设置有多个通孔，处在上方的本体上设置有多个卡口，第一插体、第二插体通过通孔后插入卡口内卡住。

[0008] 优选的技术方案，所述第一插体为一末端凸起呈球状的圆柱体，所述第一插体末端设置有一个缺口，所述第一插体中间部固定设置有与所述第一插体垂直设置的多个横杆。

[0009] 优选的技术方案，所述第二插体为一末端凸起呈球状的圆柱体，所述第二插体末端设置有多个缺口。

[0010] 优选的技术方案，所述第一嵌体设置有三根。

[0011] 优选的技术方案，所述第二嵌体设置有两根。

[0012] 优选的技术方案，所述第三嵌体设置有三根。

[0013] 优选的技术方案，所述第一插体末端与所述第二嵌体间活动设置有第一连接杆，所述第二插体末端与所述第二嵌体间活动设置有第一连接杆。

[0014] 所述第二嵌体与所述第三嵌体间设置有第二连接杆。

[0015] 第一连接杆、第二连接杆两端都设置有粘贴层。

[0016] 上述技术方案中，盖体代表半桥粒的胞外基质，盒体代表细胞质基质，本体代表盘状致密斑，第二嵌体代表Ⅳ型胶原纤维、第三嵌体代表胶原纤维，线状体代表中间丝，第一连接杆代表层黏连蛋白，第二连接杆代表Ⅶ型胶原纤维。

[0017] 由于上述技术方案的运用，本实用新型与现有技术相比具有下列优点：

[0018] 本实用新型结构简单、紧凑，生动形象，有助于教师讲学和学生记忆。

说明书附图

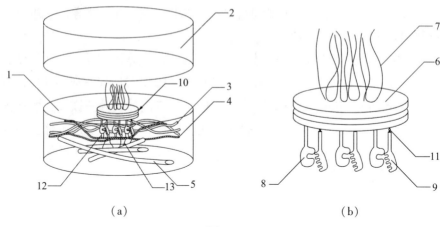

（a）   （b）

图 1.9

附图说明

[0019] 图 1.9（a）为本实用新型结构示意图。

[0020] 图 1.9（b）为本实用新型内嵌体结构示意图。

[0021] 其中：1. 盒体；2. 盖体；3. 第一嵌体；4. 第二嵌体；5. 第三嵌体；6. 本体；7. 线状体；8. 第一插体；9. 第二插体；10. 内嵌体；11. 串珠；12. 第一连接杆；13. 第二连接杆。

具体实施方式

[0022] 下面结合附图及实施例对本实用新型作进一步描述：

[0023] 实施例一：

[0024] 如图 1.9 所示，半桥粒结构模型教具，透明的盒体 1 及透明的盖体 2，盒体 1 顶面具有一圆形开口，盒体 1 内设置有内嵌体 10、条状的第一嵌体 3、第二嵌体 4、第三嵌体 5；内嵌体 10 包括两个自上而下平行设置的圆盘状的本体 6、设置在本体 6 上端部的线状体 7、设置在本体 6 下端部的三个第一插体 8 及三个第二插体 9，第三嵌体 5 由多根细管平行排列组成。

[0025] 处在下方的本体 6 上设置有六个通孔，处在上方的本体 6 上设置有六个卡口，第一插体 8、第二插体 9 通过通孔后插入卡口内卡住。

[0026] 第一插体 8 为一末端凸起呈球状的圆柱体，第一插体 8 末端设置有一个缺口，第一插体 8 中间部固定设置有与第一插体 8 垂直设置的多个横杆。

[0027] 第二插体 9 为一末端凸起呈球状的圆柱体，第二插体 9 末端设置有多个缺口。

[0028] 第二插体 9 中间部设置有两颗串珠 11。

[0029] 第一嵌体 3 设置有三根。第二嵌体 4 设置有两根。第三嵌体 5 设置有三根。

[0030] 第一插体 8 末端与第二嵌体 4 间活动设置有第一连接杆 12，第二插体 9 末端与第二嵌体 4 间活动设置有第一连接杆 12。

[0031] 第二嵌体 4 与第三嵌体 5 间设置有第二连接杆 13。

[0032] 第一连接杆 12、第二连接杆 13 两端都设置有粘贴层。

[0033] 本实施例中，盖体 2 代表半桥粒的胞外基质，盒体 1 代表细胞质基质，本体 6 代表盘状致密斑，第一插体 8 和第二插体 9 分别代表整连蛋白的 α 和 β 亚基，两颗串珠 11 代表二硫键，第一嵌体 3、第二嵌体 4、第三嵌体 5 分别代表不同胶原纤维，线状体 7 代表中间丝，第一连接杆 12 代表层黏连蛋白，第二连接杆 13 代表Ⅶ型胶原纤维。

一种神经细胞生长锥模型教具

专利号：ZL 2020 2 2824830. X

发明人：曹广力　朱越雄

摘　要：本实用新型公开了一种神经细胞生长锥模型教具，包括底座、固定设置在所述底座上表面的本体，所述本体包括纤维束、包覆在所述纤维束外的包裹体，所述包裹体为一长方体，所述长方体一端膨大为弧形结构，所述弧形结构外包覆有一层 C 状体，所述 C 状体上固定设置有多个延伸杆，所述 C 状体表面至所述延伸杆顶端设置有透明的薄膜层。本实用新型结构简单，生动形象，不仅能够展示神经细胞生长锥的生物学特性，还能吸引使用者的注意力，能够有效地加深使用者对于神经细胞生长锥的理解和记忆。

权利要求书：

1. 一种神经细胞生长锥模型教具，包括底座、固定设置在所述底座上表面的本体，其特征在于：所述本体包括纤维束、包覆在所述纤维束外的包裹体，所述包裹体为一长方体，所述长方体一端膨大为弧形结构，所述弧形结构外包覆有一层 C 状体，所述 C 状体上固定设置有多个延伸杆，所述 C 状体表面至所述延伸杆顶端设置有透明的薄膜层。

2. 根据权利要求 1 所述的一种神经细胞生长锥模型教具，其特征在于：所述底座内设置有电源、投射主机，所述纤维束设置在所述投射主机上端。

3. 根据权利要求 2 所述的一种神经细胞生长锥模型教具，其特征在于：所述纤维束包括多根短纤维管，五根长纤维管，五根所述长纤维管顶端分别设置于五个所述延伸杆中部。

4. 根据权利要求 2 所述的一种神经细胞生长锥模型教具，其特征在于：所述薄膜层内还设置有网格状灯带。

5. 根据权利要求 4 所述的一种神经细胞生长锥模型教具，其特征在于：所述网格状灯带与所述电源电连接。

说明书：

技术领域

［0001］本实用新型涉及教学用具领域，具体涉及一种神经细胞生长锥模型教具。

背景技术

［0002］生长锥位于神经细胞顶端，是一种动态的锥形结构。它能感知并响应外界刺激，引导神经细胞的生长，使神经细胞与响应的靶结构建立突触联系。生长锥可分为 P 区、C 区、过渡带三个区域，不同区域分布有不同类型的细胞骨架。其中，P 区位于生长锥的边缘，为板状伪足，其表面伸出许多细小丝状伪足。丝状伪足主要由束状肌动蛋白丝构成，可反复伸长与回缩。板状伪足连接相邻的丝状伪足，其由网状肌动蛋白丝构成。C 区位于生长锥底部，毗邻神经轴突，主要由束状微管构成，其大小与轴突的生长状态有关。过渡带则位于 P 区与 C 区之间，含有大量分子马达，其内部的肌动蛋白丝垂直于 P 区域中的肌动蛋白丝束，呈环形分布。

［0003］在现有的教学模式中，一般采用图片进行讲解。但是图片是平面的，不够生动，学生对于生长锥的生物学特性还是理解的不够透彻。

发明内容

［0004］本实用新型目的是：提供一种三维立体的神经细胞生长锥模型教具。

［0005］本实用新型的技术方案是：一种神经细胞生长锥模型教具，包括底座、固定设置在底座上表面的本体，本体包括纤维束、包覆在纤维束外的包裹体，包裹体为一长方体，长方体一端膨大为弧形结构，弧形结构外包覆有一层 C 状体，C 状体上固定设置有多个延伸杆，C 状体表面至延伸

杆顶端设置有透明的薄膜层。

［0006］上述技术方案中，C 状体上设置有与延伸杆相配合的凹槽，延伸杆固定在凹槽内。

［0007］延伸杆可以为霓虹灯棒，C 状体内设置有电线与延伸杆电连接。

［0008］优选的技术方案，底座内设置有电源、投射主机，纤维束设置在投射主机上端。

［0009］上述技术方案中，投射主机将光投射在纤维束上，纤维束另一端会出现光点，投射主机与纤维束结合形成光纤灯。

［0010］进一步技术方案，纤维束包括多根短纤维管，五根长纤维管，五根长纤维管顶端分别设置于五个延伸杆中部。

［0011］上述技术方案中，纤维束采用塑料材质制作，具有柔性，可旋转弯曲。

［0012］进一步技术方案，薄膜层内还设置有网格状灯带。

［0013］进一步技术方案，网格状灯带与电源电连接。

［0014］本实用新型的优点是：

［0015］1. 本实用新型采用三维立体结构，能够帮助使用者了解神经细胞生长锥的生物学特性。

［0016］2. 本实用新型的本体具有发光的特点，可以有效地吸引使用者观察本模型教具。

说明书附图

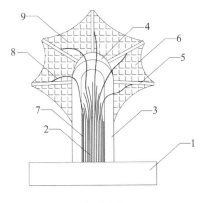

图 1.10

附图说明

[0017] 为了更清楚地说明本实用新型实施例的技术方案，下面将对实施例描述中所需要使用的附图作简单地介绍，下面描述中的附图仅仅是本实用新型的一些实施例，对于本领域普通技术人员来讲，在不付出创造性劳动的前提下，还可以根据这些附图获得其他的附图。

[0018] 下面结合附图及实施例对本实用新型作进一步描述：

[0019] 图1.10为本实用新型结构示意图。

[0020] 其中：1. 底座；2. 纤维束；3. 包裹体；4. C状体；5. 延伸杆；6. 薄膜层；7. 短纤维管；8. 长纤维管；9. 网格状灯带。

具体实施方式

[0021] 以下结合具体实施例对上述方案做进一步说明。应理解，这些实施例是用于说明本实用新型而不限于限制本实用新型的范围。实施例中采用的实施条件可以根据具体厂家的条件做进一步调整，未注明的实施条件通常为常规实验中的条件。

[0022] 如图1.10所示，一种神经细胞生长锥模型教具，包括底座1、固定设置在底座1上表面的本体，本体包括纤维束2、包覆在纤维束2外的包裹体3，包裹体3为一长方体，长方体一端膨大为弧形结构，弧形结构外包覆有一层C状体4，C状体4上固定设置有多个延伸杆5，C状体4表面至延伸杆5顶端设置有透明的薄膜层6。

[0023] C状体4上设置有与延伸杆5相配合的凹槽，延伸杆5固定在凹槽内。

[0024] 延伸杆5为霓虹灯棒，C状体4内设置有电线与延伸杆5电连接。

[0025] 底座1内设置有电源、投射主机，纤维束2设置在投射主机上端。

[0026] 投射主机将光投射在纤维束2上，纤维束2另一端会出现光点，投射主机与纤维束2结合形成光纤灯。

[0027] 纤维束2包括多根短纤维管7，五根长纤维管8，五根长纤维管8顶端分别设置于五个延伸杆5中部。

[0028] 纤维束2采用塑料材质制作，具有柔性，可旋转弯曲。

[0029] 薄膜层6内还设置有网格状灯带9。网格状灯带9与电源电连接。

[0030] 电源设置有开关，可以分别对纤维束 2、延伸杆 5、网格状灯带 9 进行控制。

[0031] 本实施例的具体实施方法：

[0032] 纤维束 2 代表神经细胞生长锥中束状微管；包裹体 3 代表轴突；C 状体 4 代表过渡带；延伸杆 5 代表肌动蛋白束；薄膜层 6 代表板状伪足膜；短纤维管 7 代表稳态微管；长纤维管 8 代表动态微管；网格状灯带 9 代表肌动蛋白网。

[0033] 使用者使用各部件模拟以下神经细胞生长锥的各生物学特性。

[0034] 生长锥位于神经细胞顶端，是一种动态的锥形结构。它能感知并响应外界刺激，引导神经细胞的生长，使神经细胞与响应的靶结构建立突触联系。生长锥可分为 P 区、C 区、过渡带三个区域，不同区域分布有不同类型的细胞骨架。其中，P 区位于生长锥的边缘，为板状伪足，其表面伸出许多细小丝状伪足。丝状伪足主要由束状肌动蛋白丝构成，可反复伸长与回缩。板状伪足连接相邻的丝状伪足，其由网状肌动蛋白丝构成。C 区位于生长锥底部，毗邻神经轴突，主要由束状微管构成，其大小与轴突的生长状态有关。过渡带则位于 P 区与 C 区之间，含有大量分子马达，其内部的肌动蛋白丝垂直于 P 区域中的肌动蛋白丝束，呈环形分布。

[0035] 本实施例结构简单，生动形象，不仅能够展示神经细胞生长锥的生物学特性，还能吸引使用者的注意力，能够有效地加深使用者对于神经细胞生长锥的理解和记忆。

[0036] 上述实施例只为说明本实用新型的技术构思及特点，其目的在于让熟悉此项技术的人能够了解本实用新型的内容并据以实施，并不能以此限制本实用新型的保护范围。凡根据本实用新型精神实质所作的等效变化或修饰，都应涵盖在本实用新型的保护范围之内。

三、病毒学部分

一种球状病毒模型教具

专利号： ZL 2012 1 0221012. 8，ZL 2012 2 0311403. 4

发明人： 朱越雄　曹广力

摘　要： 本实用新型公开了一种球状病毒模型教具，其特征在于——其包括球状体、结构杆、三角块，所述球状体为球体，所述结构杆为一顶面沿长度方向均匀排列四个半球体的长方体，所述三角块为一顶面均匀排列六个半球体的正三棱柱；所述球状体作为顶点，所述结构杆作为棱，所述三角块作为面一起构成一个完整的二十面体，在所述的球状体上设置有刺突，所述刺突为一底部设置有连接杆的球体，所述连接杆一端连接所述球体，一端连接在所述球状体。本实用新型能够使观察者清楚地了解球状病毒的外观及结构，还能够节省运输空间，降低运输成本。

权利要求书：

1. 一种球状病毒模型教具，其特征在于：其包括球状体、结构杆、三角块，所述球状体为球体，所述结构杆为一顶面沿长度方向均匀排列四个半球体的长方体，所述三角块为一顶面均匀排列六个半球体的正三棱柱；所述球状体作为顶点，所述结构杆作为棱，所述三角块作为面一起构成一个完整的二十面体，在所述的球状体上设置有刺突，所述刺突为一底部设置有连接杆的球体，所述连接杆一端连接所述球体，一端连接所述球状体。

2. 根据权利要求 1 所述的一种球状病毒模型教具，其特征在于：在所述结构杆两侧面设置有三角凸起，两顶端有配合所述球状体弧度的凹陷。

3. 根据权利要求 2 所述的一种球状病毒模型教具，其特征在于：所述凹陷内设置有磁铁。

4. 根据权利要求 1 所述的一种球状病毒模型教具，其特征在于：所述三角块三个侧面上设置有配合所述三角凸起的凹槽。

5. 根据权利要求 1 所述的一种球状病毒模型教具，其特征在于：所述结构杆、所述三角块材料为塑料，所述球状体、刺突材料为磁性金属材料。

6. 根据权利要求 1 所述的一种球状病毒模型教具，其特征在于：所述刺突可以为拆装结构设置在所述球状体上。

7. 根据权利要求 6 所述的一种球状病毒模型教具，其特征在于：所述刺突连接杆底部设置有磁铁，所述刺突材料为塑料。

说明书：

技术领域

［0001］本实用新型涉及一种模型教具，尤其涉及病毒模型教具。

背景技术

［0002］微生物学的发展促进了人类的进步，包括对生命科学基础理论研究的贡献，以及对医疗保健、工业发酵、农业生产和环境保护等生产实践的推进。

［0003］然而，微生物的个体过于微小、群体外貌不明显等本身的特性与局限性导致人类对于数量庞大、分布极广的微生物长期缺乏认知。当微生物学兴起之后，越来越多的领域运用到微生物学，越来越多的人研究微生物学。在学习研究的过程中，需要用显微镜进行观察，对于微生物的形状、结构等进行了解。但是在教学的过程中，若要对学生们讲解某一微生物的特征，仅靠观察电子显微镜是不行的，因为每个人所看到的画面不一样，所理解的东西便不一样，教师也没办法很直观地指出微生物的具体结构。

［0004］在微生物学、病理学等方面经常会遇到一些病毒，教师在讲解这些病毒的形态结构时通常只能用电子显微镜所成图像的照片或者是绘制的结构示意图等，但是这些图片只能够展现病毒的形态与外观，并不能展示一个三维的立体结构，更不能让人们直观地看到病毒的内部构造。而现有的一些教具都是固定式的结构，不能够让学生动手组合，因此固定式结构的模型教具不利于加深记忆。

发明内容

［0005］本实用新型的目的是提供一种结构简单、携带方便、能够很好地展现病毒结构的球状病毒模型教具。

［0006］为达到上述目的，本实用新型采用的技术方案是：一种球状病毒模型教具，其包括球状体、结构杆、三角块，所述球状体为球体，所述结构杆为一顶面沿长度方向均匀排列四个半球体的长方体，三角块为一顶面均匀排列六个半球体的正三棱柱；所述球状体作为顶点，所述结构杆作为棱，所述三角块作为面一起构成一个完整的二十面体，在所述的球状体

上设置有刺突，所述刺突为一底部设置有连接杆的球体，所述连接杆一端连接所述球体，一端连接所述球状体。

［0007］优选的技术方案，在所述结构杆两侧面设置有三角凸起，两顶端有配合所述球状体弧度的凹陷，所述凹陷内设置有磁铁。

［0008］优选的技术方案，所述三角块三个侧面上设置有配合所述三角凸起的凹槽。

［0009］优选的技术方案，所述结构杆、三角块材料为塑料，所述球状体、刺突材料为磁性金属材料。

［0010］上述技术方案中，球状体、刺突为磁性金属材料，球状体、刺突是固定连接的，两端设置有磁铁的结构杆可吸附在球状体上，而结构杆两个侧面上有三角凸起，这样，三面设置有凹槽的三角块就可以卡在三个结构杆中间；运用十二个球状体、刺突，二十个三角块，三十条结构杆就可以组成一个完整的二十面体。

［0011］进一步技术方案，所述刺突可以为拆装结构设置在所述球状体上，所述刺突连接杆底部设置有磁铁，所述刺突材料为塑料。

［0012］上述技术方案中，刺突和球状体是拆装结构的，刺突通过刺突连接杆底部设置的磁铁吸附在球状体上。

［0013］由于上述技术方案的运用，本实用新型与现有技术相比具有下列优点：

［0014］1. 由于本实用新型的结构是三维立体结构，能够使观察者清楚地了解球状病毒的外观及结构。

［0015］2. 由于本实用新型采用的是拆装结构，不仅能够节省运输空间，降低运输成本，还能够增加使用者的动手能力，加深记忆，更加深入了解病毒的构造。

［0016］3. 由于本实用新型的主要材料是塑料，不仅能节约一些成本，并且可以制造成多种色彩，用颜色标记病毒上各个外形相似却不同功用、不同结构的部件。

说明书附图

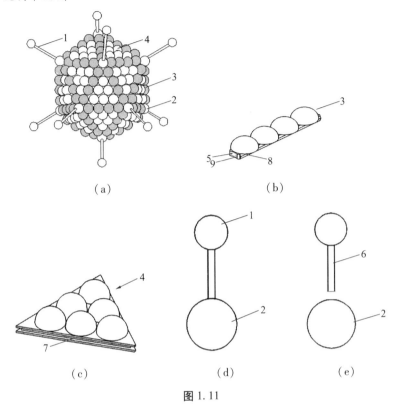

（a）

（b）

（c）

（d）

（e）

图 1.11

附图说明

［0017］ 附图 1.11（a）为球状病毒模型教具立体图。

［0018］ 附图 1.11（b）为结构杆立体图。

［0019］ 附图 1.11（c）为三角块立体图。

［0020］ 附图 1.11（d）为刺突与球状体固定连接图。

［0021］ 附图 1.11（e）为刺突与球状体拆装连接图。

［0022］ 其中：1. 刺突；2. 球状体；3. 结构杆；4. 三角块；5. 磁铁；6. 连接杆；7. 凹槽；8. 三角凸起；9. 凹陷。

具体实施方式

［0023］ 下面结合附图所示的实施例对本实用新型作进一步描述：

［0024］ 实施例一：参见图 1.11 中的（a）至（d）所示。

［0025］ 一种球状病毒模型教具，其包括球状体 2、结构杆 3、三角块 4，球状体 2 为球体，结构杆 3 为一顶面沿长度方向均匀排列四个半球体的

长方体，三角块 4 为一顶面均匀排列六个半球体的正三棱柱；球状体 2 作为顶点，结构杆 3 作为棱，三角块 4 作为面一起构成一个完整的二十面体，球状体 2 上设置有刺突 1，刺突 1 为一底部设置有连接杆 6 的球体，连接杆 6 一端连接现刺突 1，另一端连接球状体 2。

[0026] 本实施例中，在结构杆 3 两侧面设置有三角凸起 8，两顶端有配合球状体弧度的凹陷 9，凹陷 9 内设置有磁铁 5，三角块 4 三个侧面上设置有配合三角凸起 8 的凹槽 7，结构杆 3、三角块 4 材料为塑料，球状体 2、刺突 1 材料为磁性金属材料。

[0027] 球状体 2、刺突 1 为磁性金属材料，球状体 2、刺突 1 是固定连接的，两端设置有磁铁 5 的结构杆 3 可吸附在球状体 2 上，而结构杆 3 两个侧面上有三角凸起 8，这样，三面设置有凹槽 7 的三角块 4 就可以卡在三个结构杆 3 中间；运用十二个球状体 2、刺突 1，二十个三角块 4，三十条结构杆 3 就可以组成一个完整的二十面体。

[0028] 在球状病毒完整结构模型教具中，显示了球状病毒的二十面体对称体制，其球状结构由二十块三角形基板组成，而每一块三角形基板由若干球形蛋白质衣壳粒（模型教具中的半球体）组成，衣壳粒的数量根据病毒种类的不同可以有所差异，在三角形间相衔接的顶端为顶端衣壳粒（模型教具中的球状体 2），在顶端衣壳粒上有些病毒会有刺突（模型教具中的刺突 1），如球状病毒的典型代表——腺病毒。

[0029] 拆装结构更有利于使用者加深对病毒构造的认知和记忆，并且有利于包装运输，节省包装运输的空间和成本。

[0030] 实施例二：参见图 1.11（e）所示。

[0031] 刺突 1 可以为拆装结构设置在球状体 2 上，刺突 1 的连接杆 6 底部设置有磁铁，刺突 1 材料为塑料。

[0032] 本实施例中，刺突 1 和球状体 2 是拆装结构，刺突 1 通过刺突连接杆 6 底部设置的磁铁吸附在球状体 2 上。因为刺突 1 的材料为塑料，比磁性金属材料成本更低，并且使用拆装结构能够加深使用者的记忆。

一种疱疹病毒模型教具

专利号： ZL 2014 2 0237397.1

发明人： 赵英伟 朱越雄 曲春香

摘 要： 本实用新型公开了一种疱疹病毒模型教具，包括半球形外壳，均设在所述外壳边缘的插杆，设置在所述外壳内部的半球形嵌壳，设置在所述嵌壳内的中心体，所述中心体上设置有空心腔，所述空心腔内设置有"S"形线状体，所述空心腔与所述线状体相配合，所述嵌壳中心设置有连接杆，所述中心体底部设置有与所述连接杆相配合的插口。本实用新型结构简单、拆卸灵活，可增强使用者的记忆力，以及令使用者加深对于疱疹病毒生物学特征的理解和印象。

权利要求书：

1. 一种疱疹病毒模型教具，其特征在于：包括半球形外壳，均设在所述外壳边缘的插杆，设置在所述外壳内部的半球形嵌壳，设置在所述嵌壳内的中心体，所述中心体上设置有空心腔，所述空心腔内设置有"S"形线状体，所述空心腔与所述线状体相配合，所述嵌壳中心设置有连接杆，所述中心体底部设置有与所述连接杆相配合的插口。

2. 根据权利要求1所述的一种疱疹病毒模型教具，其特征在于：所述外壳边缘设置有与所述插杆相配合的凹槽。

说明书：

技术领域

[0001] 本实用新型涉及教学用具领域，尤其涉及一种疱疹病毒模型教具。

背景技术

[0002] 疱疹病毒是一群具有包膜的DNA病毒，具有相似的生物学特性，归类于疱疹病毒科。现已发现100多种疱疹病毒，分α、β、γ三个亚科，可感染人和多种动物。与人感染相关的疱疹病毒称为人疱疹病毒，目前有8种：α疱疹病毒亚科有单纯疱疹病毒（HSV）1型和2型、水痘—带状疱疹病毒，均能感染上皮细胞，潜伏于神经细胞；β疱疹病毒亚科有人巨细胞病毒（HCMV）、人疱疹病毒6型和7型，可感染并潜伏在多种组织中；γ疱疹病毒亚科有EB病毒（EBV）和人疱疹病毒8型，主要感染和潜伏在

淋巴细胞。

[0003] 疱疹病毒颗粒呈球形，直径为 150～200 nm，核衣壳为二十面体立体对称，核衣壳周围有一层被膜，最外层是包膜，含有病毒编码的糖蛋白。病毒基因组为线性 dsDNA，125～245 kb，具有独特序列 UL 和 US，中间和两端有重复序列，故疱疹病毒基因组可发生重组和形成异构体。疱疹病毒除编码多种病毒结构蛋白外，还编码多种其他蛋白，参与病毒复制或涉及核酸代谢、DNA 合成、基因表达、调控等，是抗病毒药物作用的靶位。病毒在细胞核内复制和装配，通过核膜出芽，由胞吐或细胞溶解方式释放，病毒可通过细胞间桥直接扩散，感染细胞可以与邻近未感染的细胞融合，形成多核巨细胞。病毒感染细胞后，可表现为溶细胞感染、潜伏感染或细胞永生化。建立潜伏感染后可持续存在宿主体内，在免疫力低下时激活；有些疱疹病毒可引起先天性感染，如 HCMV 和 HSV 可经胎盘感染胎儿，导致先天畸形；而有些疱疹病毒感染与肿瘤相关，如 EBV 与鼻咽癌相关，人疱疹病毒 8 型与卡波西肉瘤相关等。病毒感染的控制主要依赖于细胞免疫。

[0004] 疱疹病毒在自然界广泛存在，引起人和许多动物的感染，因此研究如何控制病毒感染尤为重要。在研究中首先是要了解疱疹病毒的构造及其生物学特征，特别是在教学领域，教师要把疱疹病毒的构造和特性充分地展现给学生，但在现有技术中，一般都是通过示意图或者电子显微镜照片教授给学生，由于图片形式缺少生动性，学生不容易记住病毒的结构特征。

发明内容

[0005] 本实用新型的目的是提供一种可拆装的疱疹病毒模型教具。

[0006] 为达到上述目的，本实用新型采用的技术方案是：一种疱疹病毒模型教具，包括半球形外壳，均设在所述外壳边缘的插杆，设置在所述外壳内部的半球形嵌壳，设置在所述嵌壳内的中心体，所述中心体上设置有空心腔，所述空心腔内设置有"S"形线状体，所述空心腔与所述线状体相配合，所述嵌壳中心设置有连接杆，所述中心体底部设置有与所述连接杆相配合的插口，所述外壳边缘设置有与所述插杆相配合的凹槽。

[0007] 上述技术方案中，中心体为半个正二十面体。外壳代表疱疹病毒的包膜双层膜，嵌壳代表被膜，中心体代表二十面体衣壳，线状体代表线状双链 DNA，插杆代表包膜糖蛋白。

［0008］ 由于上述技术方案的运用，本实用新型与现有技术相比具有下列优点：

［0009］ 本实用新型结构简单，为三维可拆卸结构，可灵活拆卸，可增强使用者的记忆力，以及令使用者加深对于疱疹病毒生物学特征的理解和记忆。

说明书附图

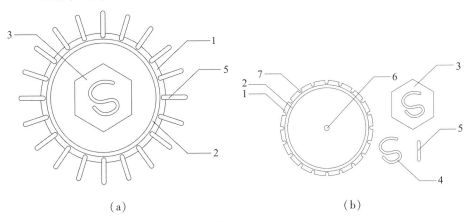

（a）　　　　　　　　　　　　（b）

图 1.12

附图说明

［0010］ 图 1.12（a）为本实用新型结构示意图。

［0011］ 图 1.12（b）为本实用新型拆分图。

［0012］ 其中：1. 外壳；2. 嵌壳；3. 中心体；4. 线状体；5. 插杆；6. 连接杆；7. 凹槽。

具体实施方式

［0013］ 下面结合附图及实施例对本实用新型作进一步描述：

［0014］ 实施例一：

［0015］ 如图 1.12 所示，一种疱疹病毒模型教具包括半球形外壳 1，均设在外壳 1 边缘的插杆 5，设置在外壳 1 内部的半球形嵌壳 2，设置在嵌壳 2 内的中心体 3，中心体 3 上设置有空心腔，空心腔内设置有"S"形线状体 4，空心腔与线状体 4 相配合，嵌壳 2 中心设置有连接杆 6，中心体 3 底部设置有与连接杆 6 相配合的插口，外壳 1 边缘设置有与插杆 5 相配合的凹槽 7。

［0016］ 中心体 3 为半个正二十面体，空心腔设置在剖面上。

［0017］ 外壳 1 代表疱疹病毒的包膜双层膜，嵌壳 2 代表被膜，中心体 3

代表二十面体衣壳，线状体 4 代表线状双链 DNA，插杆 5 代表包膜糖蛋白。

［0018］在生产运用时，可以在各部件表面印刷其所代表的生物结构的特征图样。

一种副黏病毒主要结构蛋白模型教具

专利号：ZL 2013 2 0224311.7

发明人：朱越雄　赵英伟　王蕾　李蒙英　吴康　曹广力

摘　要：本实用新型公开了一种副黏病毒主要结构蛋白模型教具，其包括第一半球壳、嵌设在所述第一半球壳内部的第二半球壳，设置在所述第二半球壳内部的线状中心体，所述第二半球壳上表面辐射均布有第一、第二插杆，所述第一、第二插杆外端凸出所述第一半球壳，所述第二插杆设置在所述每两根第一插杆中间，所述中心体上设置有 5~7 个串珠。本实用新型采用拆装式三维立体结构，能直观地展示副黏病毒的主要结构特征，从而加深使用者的记忆。

权利要求书：

1. 一种副黏病毒主要结构蛋白模型教具，其特征在于：其包括第一半球壳、嵌设在所述第一半球壳内部的第二半球壳，设置在所述第二半球壳内部的线状中心体，所述第二半球壳上表面辐射均布有第一、第二插杆，所述第一、第二插杆外端凸出所述第一半球壳，所述第二插杆设置在所述每两根第一插杆中间，所述中心体上设置有 5~7 个串珠。

2. 根据权利要求 1 所述的一种副黏病毒主要结构蛋白模型教具，其特征在于：所述第一、第二半球壳上设置有相连通的卡槽，所述第一、第二插杆卡在所述卡槽内。

3. 根据权利要求 1 所述的一种副黏病毒主要结构蛋白模型教具，其特征在于：所述第一插杆外端为圆球状，所述第二插杆外端为椭球形。

4. 根据权利要求 1 所述的一种副黏病毒主要结构蛋白模型教具，其特征在于：所述中心体一端通过卡扣固定在所述第二半球壳内表面。

说明书：

技术领域

［0001］本实用新型涉及教学用具领域，特别涉及一种副黏病毒主要结构蛋白模型教具。

背景技术

[0002]　副黏病毒是与正黏病毒生物学性状很相似的一组病毒，两者的主要性状比较主要表现在以下四个方面：（1）副黏病毒的核酸不分节段，变异频率相对较低；（2）包膜表面的主要刺突为血凝素、神经氨酸酶和融合蛋白，但不同副黏病毒的刺突又有所区别；（3）副黏病毒的种类相对较多，目前包括麻疹病毒属、副黏病毒属、肺病毒属和亨德拉尼派病毒属等多种病毒，可引起人类感染的主要副黏病毒有麻疹病毒、腮腺炎病毒、呼吸道合胞病毒、副流感病毒，以及人偏肺病毒、亨德拉病毒和尼派病毒；（4）副黏病毒的致病力相对较弱，感染的对象以婴幼儿和儿童为主，但其中部分病毒的传染性很强。

[0003]　为了深入地了解副黏病毒，要分析副黏病毒的结构特征及其作用原理，特别是在教学领域中，需要让学生对副黏病毒的结构及作用原理有充分的了解，然而在现在的教学中，一般只使用平面的示意图来讲解副黏病毒，导致不能直观地了解副黏病毒的结构特征。

发明内容

[0004]　本实用新型的目的是提供一种能够以三维立体展示副黏病毒主要结构蛋白的模型教具。

[0005]　为达到上述目的，本实用新型采用的技术方案是：一种副黏病毒主要结构蛋白模型教具，其包括第一半球壳、嵌设在所述第一半球壳内部的第二半球壳，设置在所述第二半球壳内部的线状中心体，所述第二半球壳上表面辐射均布有第一插杆和第二插杆，所述第一、第二插杆外端凸出所述第一半球壳，所述第二插杆设置在所述每两根第一插杆中间，所述中心体上设置有5~7个串珠。

[0006]　优选的技术方案，所述第一、第二半球壳上设置有相连通的卡槽，所述第一、第二插杆卡在所述卡槽内。

[0007]　优选的技术方案，所述第一插杆外端为圆球状，所述第二插杆外端为椭球形。

[0008]　优选的技术方案，所述中心体一端通过卡扣固定在所述第二半球壳内表面。

[0009]　上述技术方案中，第一半球壳代表副黏病毒囊膜的脂质双分子层，第二半球壳代表囊膜内面的 M 蛋白。第一插杆代表副黏病毒的血凝素和神经氨酸酶，第二插杆代表融合蛋白，中心体代表副黏病毒的螺旋对称

核衣壳，串珠代表聚合酶。

[0010] 由于上述技术方案的运用，本实用新型与现有技术相比具有下列优点：

[0011] 本实用新型采用三维立体可拆装结构，不仅直观地表示了副黏病毒的结构特征，并且能提高使用者的动手能力，加深使用者对副黏病毒主要结构蛋白的印象。

说明书附图

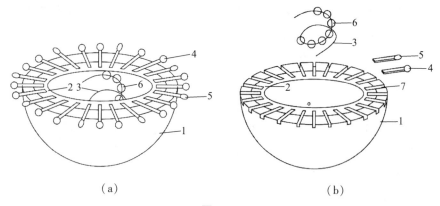

（a）　　　　　　　　　　　　　　（b）

图 1.13

附图说明

[0012] 图 1.12（a）为立体图。

[0013] 图 1.12（b）为分解图。

[0014] 其中：1. 第一半球壳；2. 第二半球壳；3. 中心体；4. 第一插杆；5. 第二插杆；6. 串珠；7. 卡槽。

具体实施方式

[0015] 下面结合附图及实施例对本实用新型作进一步描述：

[0016] 实施例一：

[0017] 如图 1.13（a）所示，一种副黏病毒主要结构蛋白模型教具，其包括第一半球壳 1、嵌设在第一半球壳 1 内部的第二半球壳 2，设置在第二半球壳 2 内部的线状的中心体 3，第二半球壳 2 上表面辐射均布有第一插杆 4、第二插杆 5，第一、第二插杆外端凸出第一半球壳 1，第二插杆 5 设置在每两根第一插杆 4 中间，中心体 3 上设置有 7 个串珠 6。

[0018] 第一半球壳 1、第二半球壳 2 上设置有相连通的卡槽 7，第一插杆 4、第二插杆 5 卡在卡槽内。

［0019］　第一插杆 4 外端为圆球状，第二插杆 5 外端为椭球形。

［0020］　中心体 3 一端通过卡扣固定在第二半球壳 2 内表面。

［0021］　第一半球壳 1 为红色，第二半球壳 2 为蓝色。

［0022］　本实施例中，第一半球壳代表副黏病毒囊膜的脂质双分子层，第二半球壳代表囊膜内面的 M 蛋白。第一插杆 4 代表副黏病毒的血凝素和神经氨酸酶，第二插杆 5 代表融合蛋白，中心体 3 代表副黏病毒的螺旋对称核衣壳，串珠 6 代表聚合酶，本实施例结构简单，能形象地表示副黏病毒主要结构蛋白的结构特征。

［0023］　实施例二：

［0024］　如图 1.13（b）所示，一种副黏病毒主要结构蛋白模型教具，其包括第一半球壳 1、嵌设在第一半球壳 1 内部的第二半球壳 2，设置在第二半球壳 2 内部的线状的中心体 3，第二半球壳 2 上表面辐射均布有第一插杆 4、第二插杆 5，第一、第二插杆外端凸出第一半球壳 1，第二插杆 5 设置在每两根第一插杆 4 中间，中心体 3 上设置有 7 个串珠 6。

［0025］　第一半球壳 1、第二半球壳 2 上设置有相连通的卡槽 7，第一插杆 4、第二插杆 5 卡在卡槽内。

［0026］　第一插杆 4 外端为圆球状，第二插杆 5 外端为椭球形。

［0027］　中心体 3 一端通过卡扣固定在第二半球壳 2 内表面。

［0028］　串珠 6 侧面设置有与中心体 3 相配合的凹槽，串珠 6 通过凹槽卡在中心体上。

［0029］　第一半球壳 1 为紫色，第二半球壳 2 为黄色。

［0030］　本实施例中，第一半球壳代表副黏病毒囊膜的脂质双分子层，第二半球壳代表囊膜内面的 M 蛋白。第一插杆 4 代表副黏病毒的血凝素和神经氨酸酶，第二插杆 5 代表融合蛋白，中心体 3 代表副黏病毒的螺旋对称核衣壳，串珠 6 代表聚合酶，本实施例结构简单，能形象地表示副黏病毒主要结构蛋白的结构特征。

脊髓灰质炎病毒的衣壳及蛋白亚基结构模型教具

专利号：ZL 2018 2 0208471.5

发明人：赵英伟　牛华

摘　要：本实用新型公开了一种脊髓灰质炎病毒的衣壳及蛋白亚基结

构模型教具，包括本体，所述本体为二十面体，所述本体包括一骨架、嵌设在所述骨架上的嵌体，所述嵌体为正三角形，所述嵌体包括正三角形的边框、设置在所述边框内的第一嵌体、第二嵌体及第三嵌体，所述边框一边通过铰接件与所述骨架连接，所述边框另两边上分别设置有卡扣及开口。本实用新型结构紧凑合理，能够生动地展示脊髓灰质炎病毒的衣壳及蛋白亚基的生物学结构。

权利要求书：

1. 脊髓灰质炎病毒的衣壳及蛋白亚基结构模型教具，其特征在于：包括本体，所述本体为二十面体，所述本体包括一骨架、嵌设在所述骨架上的嵌体，所述嵌体为正三角形，所述嵌体包括正三角形的边框、设置在所述边框内的第一嵌体、第二嵌体及第三嵌体，所述边框一边通过铰接件与所述骨架连接，所述边框另两边上分别设置有卡扣及开口。

2. 根据权利要求1所述的脊髓灰质炎病毒的衣壳及蛋白亚基结构模型教具，其特征在于：所述骨架上设置有与所述卡扣相配合的卡口。

3. 根据权利要求1所述的脊髓灰质炎病毒的衣壳及蛋白亚基结构模型教具，其特征在于：所述边框各边均设置有滑槽，所述第一、第二、第三嵌体均嵌设在所述滑槽内。

4. 根据权利要求1所述的脊髓灰质炎病毒的衣壳及蛋白亚基结构模型教具，其特征在于：所述开口为一凸起的提手。

5. 根据权利要求1所述的脊髓灰质炎病毒的衣壳及蛋白亚基结构模型教具，其特征在于：所述本体底部设置有一底座，所述本体通过一连接杆与所述底座连接，所述连接杆转动设置在所述底座上。

6. 根据权利要求5所述的脊髓灰质炎病毒的衣壳及蛋白亚基结构模型教具，其特征在于：所述底座内设置有电源及驱动电机，所述驱动电机输出轴与所述连接杆固定连接。

7. 根据权利要求1所述的脊髓灰质炎病毒的衣壳及蛋白亚基结构模型教具，其特征在于：所述骨架内侧面固定设置有第四嵌体。

说明书：

技术领域

［0001］本实用新型涉及教学用具领域，具体涉及可拆装的三维立体脊髓灰质炎病毒的衣壳及蛋白亚基结构模型教具。

背景技术

[0002]　脊髓灰质炎病毒颗粒是直径为 28 nm 的球形颗粒，衣壳呈二十面体立体对称，无包膜。

[0003]　从化学构成角度，病毒的衣壳由数量不等的一种或几种多肽分子按一定规律自我组装形成，其中每一个多肽分子是构成衣壳形态和结构的最基本化学成分，称为衣壳的化学亚单位或蛋白亚基。脊髓灰质炎病毒的衣壳为二十面体立体对称型，有 VP1、VP2、VP3 和 VP4 共四种蛋白亚基。

[0004]　组成 VP1、VP2 和 VP3 蛋白亚基的氨基酸顺序虽然不同，但都形成相似的楔形结构。

[0005]　从形态学角度，用电子显微镜观察可见病毒的衣壳由许多看上去大致相似的壳粒聚集形成，故称壳粒为衣壳的形态亚单位；壳粒是由蛋白亚基组成的，是由一种或几种蛋白亚基共价结合形成的多聚体。脊髓灰质炎病毒有两种不同的壳粒。其中由五个 VP1 共价结合形成的五聚体，为病毒的顶角壳粒；由三个 VP0（VP2+VP4）和三个 VP3 聚集形成的六聚体，是构成病毒衣壳的面或棱（或边）的壳粒。在病毒成熟过程中 VP0 在病毒基因组参与下，可被切割成 VP2 和 VP4 两个亚基，VP4 位于衣壳内侧与病毒核心相连。

[0006]　从结构角度，衣壳是由一定数量的完全相同的"积木块"拼接组装而成；每个"积木块"本身或由一种或几种不同的蛋白亚基以非共价键方式团簇而成，是衣壳的结构单位，通常被称为原体。二十面体立体对称型病毒的衣壳其原体和壳粒的化学亚单位组成不同。脊髓灰质炎病毒的壳粒有五聚体和六聚体两种。

[0007]　脊髓灰质炎病毒的五聚体为顶角壳粒，周围有五个相同的六聚体包绕，又称五邻体。五聚体是指壳粒本身由五个化学亚单位组成，五邻体是指其与周围壳粒的位置关系。脊髓灰质炎病毒的五聚体由五个 VP1 共价结合形成。

[0008]　脊髓灰质炎病毒的六聚体壳粒位于三角形面或棱的位置，周围有六个壳粒包绕，也称为六邻体。脊髓灰质炎病毒的六聚体由三个 VP0（VP2+VP4）和三个 VP3 聚合而成。脊髓灰质炎病毒的一个六聚体壳粒周围包绕有三个相同的五聚体和三个相同的六聚体。

[0009]　脊髓灰质炎病毒的原体则是由各一个 VP1、VP2（含 VP4）、

VP3 共同组成，其中 VP1（含 302 个氨基酸残基）、VP2（含 271 个氨基酸残基）、VP3（含 238 个氨基酸残基）、VP4（含 68 个氨基酸残基）共同构成一个结构单位原体。脊髓灰质炎病毒衣壳的每个面由三个原体组成，故衣壳的二十面体是由 60 个相同的原体"拼装"而成。

［0010］现有技术中，一般采用图片来展示脊髓灰质炎病毒的衣壳及蛋白亚基的结构特征，但是图片缺乏生动性，不能很好地展示脊髓灰质炎病毒的衣壳及蛋白亚基的生物结构特性。

［0011］本实用新型能够提供一种可拆装的三维立体的脊髓灰质炎病毒的衣壳及蛋白亚基结构模型教具，能生动地展示原体、五聚体、六聚体病毒的衣壳及蛋白亚基结构，加深记忆。

发明内容

［0012］本实用新型的目的是提供一种结构紧凑合理，可拆装的三维立体的脊髓灰质炎病毒的衣壳及蛋白亚基结构模型教具。

［0013］为达到上述目的，本实用新型采用的技术方案是：脊髓灰质炎病毒的衣壳及蛋白亚基结构模型教具，包括本体，所述本体为二十面体，所述本体包括一骨架、嵌设在所述骨架上的嵌体，所述嵌体为正三角形，所述嵌体包括正三角形的边框、设置在所述边框内的第一嵌体、第二嵌体及第三嵌体，所述边框一边通过铰接件与所述骨架连接，所述边框另两边上分别设置有卡扣及开口。

［0014］上述技术方案中，骨架为钢制结构。

［0015］优选的技术方案，所述骨架上设置有与所述卡扣相配合的卡口。

［0016］优选的技术方案，所述边框各边均设置有滑槽，所述第一、第二、第三嵌体均嵌设在所述滑槽内。

［0017］优选的技术方案，所述开口为一凸起的提手。

［0018］优选的技术方案，所述本体底部设置有一底座，所述本体通过一连接杆与所述底座连接，所述连接杆转动设置在所述底座上。

［0019］进一步技术方案，所述底座内设置有电源及驱动电机，所述驱动电机输出轴与所述连接杆固定连接。

［0020］上述技术方案中，底座内设置有控制芯片连接电源和驱动电机，当启用电源时，驱动电机输出轴带动连接杆转动，从而带动本体旋转。

［0021］优选的技术方案，所述骨架内侧面固定设置有第四嵌体。

［0022］ 优选的技术方案，所述第一、第二及第三嵌体边缘均设置有磁铁。

［0023］ 本实用新型的工作原理：

［0024］ 在教学时，本体代表脊髓灰质炎病毒的衣壳及蛋白亚基，第一嵌体代表 VP2，第二嵌体代表 VP3，第三嵌体代表 VP1，第四嵌体代表 VP4。

［0025］ 由于上述技术方案的运用，本实用新型与现有技术相比具有下列优点：

［0026］ 1. 本实用新型结构紧凑合理，采用三维立体的拆装结构，在教学使用时，教师或学生可以通过拆装的方式来熟悉脊髓灰质炎病毒的衣壳及蛋白亚基的结构，在锻炼学生动手能力的同时还可以加深学生对于脊髓灰质炎病毒的衣壳及蛋白亚基生物特性的记忆。

［0027］ 2. 本实用新型本体下方设置有底座，该底座能驱动本体旋转，使得整个脊髓灰质炎病毒的衣壳及蛋白亚基结构模型教具更加生动，从而更具有吸引力。

说明书附图

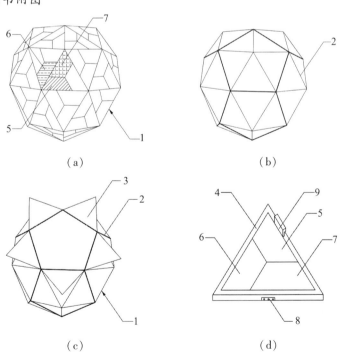

（a）　　　　　　　　　　（b）

（c）　　　　　　　　　　（d）

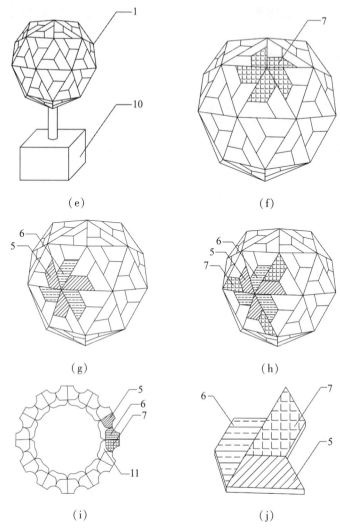

图 1.14

附图说明

[0028] 图 1.14（a）为本实用新型本体结构示意图。

[0029] 图 1.14（b）为本实用新型实施例一骨架结构示意图。

[0030] 图 1.14（c）为本实用新型实施例一边框展开示意图。

[0031] 图 1.14（d）为本实用新型实施例一嵌体结构示意图。

[0032] 图 1.14（e）为本实用新型结构示意图。

[0033] 图 1.14（f）为本实用新型第三嵌体结构位置示意图。

[0034] 图 1.14（g）为本实用新型第一嵌体与第二嵌体结构位置示

意图。

[0035] 图 1.14（h）为本实用新型第一、第二及第三嵌体结构位置示意图。

[0036] 图 1.14（i）为本实用新型半剖图。

[0037] 图 1.14（j）为本实用新型第一、第二及第三嵌体结合示意图。

[0038] 其中：1. 本体；2. 骨架；3. 嵌体；4. 边框；5. 第一嵌体；6. 第二嵌体；7. 第三嵌体；8. 铰接件；9. 开口；10. 底座；11. 第四嵌体。

具体实施方式

[0039] 下面结合附图及实施例对本实用新型作进一步描述：

[0040] 实施例一：

[0041] 如图 1.14 中的（a）—（f）、（j）所示，脊髓灰质炎病毒的衣壳及蛋白亚基结构模型教具，包括本体 1，本体 1 为二十面体，本体 1 包括一骨架 2、嵌设在骨架 2 上的嵌体 3，嵌体 3 为正三角形，嵌体 3 包括正三角形的边框 4、设置在边框 4 内的第一嵌体 5、第二嵌体 6 及第三嵌体 7，边框 4 一边通过铰接件 8 与骨架 2 连接，边框 4 另两边上分别设置有卡扣及开口 9。

[0042] 骨架 2 为钢制结构。骨架 2 上设置有与卡扣相配合的卡口。边框 4 各边均设置有滑槽，第一嵌体 5、第二嵌体 6、第三嵌体 7 均嵌设在滑槽内。

[0043] 开口 9 为一凸起的提手。

[0044] 本体底部设置有一底座 10，本体 1 通过一连接杆与底座 10 连接，连接杆转动设置在底座 10 上。

[0045] 底座 10 内设置有电源及驱动电机，驱动电机输出轴与连接杆固定连接。

[0046] 底座 10 内设置有控制芯片连接电源和驱动电机，当启用电源时，驱动电机输出轴带动连接杆转动，从而带动本体 1 旋转。

[0047] 骨架 2 内侧面固定设置有第四嵌体 11。

[0048] 第一、第二及第三嵌体边缘均设置有磁铁。

[0049] 本实施例的使用方法：

[0050] 在教学时，本体 1 代表成熟的脊髓灰质炎病毒颗粒，第一嵌体 5 代表 VP2，第二嵌体 6 代表 VP3，第三嵌体 7 代表 VP1，第四嵌体 11 代表 VP4。教师在讲学时，可以启动底座 10 内的电源，驱动本体 1 旋转，本体 1

在旋转时可以更好地展示本体 1 的结构。

[0051] 如图 1.14（f）所示，五个 VP1 组成一个五聚体；如图 1.14（g）所示，三个 VP2 和三个 VP3 组成一个六聚体；如图 1.14 中的（a）和（j）所示，各一个 VP1、VP2、VP3 组成一个原体；如图 1.14（i）所示，三个原体组成二十面体的一个面。

[0052] 一个成熟的脊髓灰质炎病毒体衣壳由 60 个原体组成，有 12 个五聚体壳粒，20 个六聚体壳粒。

一种丁型肝炎病毒模型教具

专利号： ZL 2013 2 0224312.1
发明人： 朱越雄　曹广力　赵英伟　王蕾　李蒙英　吴康

摘　要： 本实用新型公开了一种丁型肝炎病毒模型教具，其包括圆环状的本体，放置在所述本体内的环状中心体，所述本体由 9 个第一分体、5 个第二分体、10 个第三分体环形连接而成，所述中心体上串连有两组珠串，所述珠串包括两个第一串珠和两个第二串珠，两个所述的第二串珠设置在两个所述第一串珠之间。本实用新型采用拆装式结构，既减小了包装体积，又能令使用者加深对丁型肝炎病毒的记忆。

权利要求书：

1. 一种丁型肝炎病毒模型教具，其特征在于：其包括圆环状的本体，放置在所述本体内的环状中心体，所述本体由 9 个第一分体、5 个第二分体、10 个第三分体环形连接而成，所述中心体上串连有两组珠串，所述珠串包括两个第一串珠和两个第二串珠，两个所述的第二串珠设置在两个所述第一串珠之间。

2. 根据权利要求 1 所述的一种丁型肝炎病毒模型教具，其特征在于：所述中心体为一闭合环，所述第一、第二串珠上设置有与所述中心体配合的卡口，所述第一、第二串珠通过所述卡扣卡在所述中心体上。

3. 根据权利要求 1 所述的一种丁型肝炎病毒模型教具，其特征在于：所述中心体为可开合环，所述第一、第二串珠中心设置有穿孔，所述第一、第二串珠穿连在所述中心体上。

4. 根据权利要求 3 所述的一种丁型肝炎病毒模型教具，其特征在于：所述中心体的两开口端设置有卡扣，所述中心体通过所述卡扣闭合成环。

5. 根据权利要求 1 所述的一种丁型肝炎病毒模型教具，其特征在于：所述第一、第二、第三分体相对的两个侧面上分别设置有相配合的卡扣结构。

说明书：

技术领域

［0001］本实用新型涉及一种模型教具，尤其涉及一种丁型肝炎病毒模型教具。

背景技术

［0002］丁型肝炎病毒（HDV）为缺陷病毒，需要嗜肝 DNA 病毒，如人乙型肝炎病毒（HBV）、旱獭肝炎病毒和鸭乙肝病毒等辅助病毒的帮助，才能成为成熟的病毒颗粒并具有感染性。丁型肝炎病毒（HDV）是目前已知动物病毒中唯一具有单负链共价闭合环状 RNA 基因组的缺陷病毒，某些特性与植物卫星病毒或类病毒相似。

［0003］完整成熟的丁型肝炎病毒（HDV）为球形颗粒，包膜为 HBsAg，核衣壳为二十面体对称，病毒颗粒内部由病毒基因组 RNA 和与之结合的丁型肝炎病毒抗原（HDAg）组成，其外包以 HBV 的 HBsAg（乙肝病毒的外壳蛋白）。

［0004］在一般的教学中，为了能表示丁型肝炎病毒（HDV）的主要结构，一般都使用剖面图作为模式讲解，但由于剖面图是平面的，不能很好地表示丁型肝炎病毒（HDV）的结构细节，所以需要一个三维的模型进行辅助讲解。

发明内容

［0005］本实用新型的目的是提供一种拆装式的丁型肝炎病毒模型教具。

［0006］为达到上述目的，本实用新型采用的技术方案是：一种丁型肝炎病毒模型教具，其包括圆环状本体，放置在所述本体内的环状中心体，所述本体由 9 个第一分体、5 个第二分体、10 个第三分体环形连接而成，所述中心体上串连有两组珠串，所述珠串包括两个第一串珠和两个第二串珠，两个所述的第二串珠设置在两个所述第一串珠之间。

［0007］上述技术方案中，第一分体、第二分体、第三分体可以用不同颜色来区分表示，也可以采用不同形状来区分表示。第一串珠与第二串珠可以用不同颜色来区分表示，也可以采用不同形状来区分表示。

[0008] 优选的技术方案，所述中心体为一闭合环，所述第一串珠、第二串珠上设置有与所述中心体配合的卡口，所述第一串珠、第二串珠通过所述卡扣卡在所述中心体上。

[0009] 优选的技术方案，所述中心体为可开合环，所述第一串珠、第二串珠中心设置有穿孔，所述第一串珠、第二串珠穿连在所述中心体上。

[0010] 进一步技术方案，所述中心体的两开口端设置有卡扣，所述中心体通过所述卡扣闭合成环。

[0011] 优选的技术方案，所述第一分体、第二分体、第三分体相对的两个侧面上分别设置有相配合的卡扣结构。

[0012] 由于上述技术方案运用，本实用新型与现有技术相比具有下列优点：

[0013] 本实用新型采用的是三维立体拆装结构，不仅能够节省运输空间，降低运输成本，还能够增加使用者的动手能力，加深记忆，更加深入了解丁型肝炎病毒的结构特征。

说明书附图

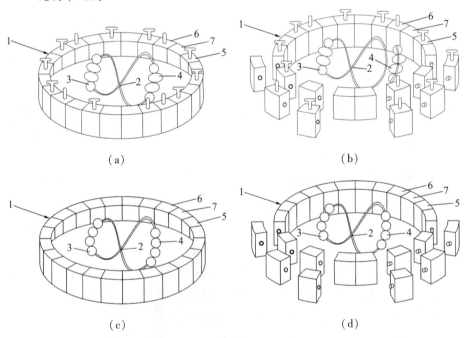

（a）　　　　　　　　　　　　　　（b）

（c）　　　　　　　　　　　　　　（d）

图 1.15

附图说明

［0014］图 1.15（a）为实施例一立体图。

［0015］图 1.15（b）为实施例一分解图。

［0016］图 1.15（c）为实施例二立体图。

［0017］图 1.15（d）为实施例二分解图。

［0018］其中：1. 本体；2. 中心体；3. 第一串珠；4. 第二串珠；5. 第一分体；6. 第二分体；7. 第三分体。

具体实施方式

［0019］下面结合附图及实施例对本实用新型作进一步描述：

［0020］实施例一：

［0021］如图 1.15 中的（a）和（b）所示，一种丁型肝炎病毒模型教具，其包括圆环状本体 1，放置在本体内的环状中心体 2，本体 1 由 9 个第一分体 5、5 个第二分体 6、10 个第三分体 7 环形连接而成，中心体 2 上穿连有两组串珠，串珠包括两个第一串珠 3 和两个第二串珠 4，两个第二串珠 4 设置在两个第一串珠 3 之间。

［0022］中心体 2 为一闭合环，第一串珠 3、第二串珠 4 上设置有与中心体 2 配合的卡口，第一串珠 3、第二串珠 4 通过卡扣卡在中心体上。

［0023］第一分体 5、第二分体 6、第三分体 7 相对的两个侧面上分别设置有相配合的卡扣结构。

［0024］第一分体 5、第二分体 6、第三分体 7 采用不同形状来区分表示，第一分体 5 为上表面有 T 形凸起的立方体，第二分体 6 为上表面有条状凸起的立方体，第三分体 7 为立方体。

［0025］第一串珠 3 为球体，第二串珠 4 为椭球体。

［0026］丁型肝炎病毒（HDV）衣壳 HDAg 是一种核蛋白，是 HDV 编码的唯一蛋白。由正链基因组中 ORF5 编码，有 P24 和 P27 两种多肽，分别为大 δ 抗原和小 δ 抗原。前者对 HDV 的复制有反式激活作用，后者则反式抑制复制作用，并对 HDV 的包装也有重要的影响。大约 60 个 HDAg 与一个 HDV 基因组 RNA 结合，构成二十面体对称的核衣壳。

［0027］本实施例中各部件与丁型肝炎病毒各结构部件对比：

［0028］本体 1 代表丁型肝炎病毒（HDV）包膜 HBsAg，串珠代表丁型肝炎病毒抗原（HDAg），第一串珠 3、第二串珠 4 分别代表 P24、P27 两种多肽。

[0029] 本实施例中，各部件都采用可拆装结构，能令使用者更加了解丁型肝炎病毒（HDV）的结构特征，从而加深记忆。

[0030] 实施例二：

[0031] 如图 1.15 中的（c）和（d）所示，一种丁型肝炎病毒模型教具，其包括圆环状本体 1，放置在本体内的环状中心体 2，本体 1 由 9 个第一分体 5、5 个第二分体 6、10 个第三分体 7 环形连接而成，中心体 2 上穿连有两组串珠，串珠包括两个第一串珠 3 和两个第二串珠 4，两个第二串珠 4 设置在两个第一串珠 3 之间。

[0032] 中心体 2 为可开合环，第一串珠 3、第二串珠 4 中心设置有穿孔，第一串珠 3、第二串珠 4 穿连在中心体 2 上。

[0033] 中心体 2 的两开口端设置有卡扣，中心体 2 通过卡扣闭合成环。

[0034] 第一分体 5、第二分体 6、第三分体 7 相对的两个侧面上分别设置有相配合的卡扣结构。

[0035] 第一分体 5、第二分体 6、第三分体 7 采用不同颜色来区分表示，第一分体 5 为红色立方体，第二分体 6 为蓝色立方体，第三分体 7 为黄色立方体。

[0036] 第一串珠 3 为红色球体，第二串珠 4 为蓝色球体。

[0037] 丁型肝炎病毒（HDV）衣壳 HDAg 是一种核蛋白，是 HDV 编码的唯一蛋白。由正链基因组中 ORF5 编码，有 P24 和 P27 两种多肽，分别为大 δ 抗原和小 δ 抗原。前者对 HDV 的复制有反式激活作用，后者则反式抑制复制作用，并对 HDV 的包装也有重要的影响。大约 60 个 HDAg 与一个 HDV 基因组 RNA 结合，构成二十面体对称的核衣壳。

[0038] 本实施例中各部件与丁型肝炎病毒各结构部件对比：

[0039] 本体 1 代表丁型肝炎病毒（HDV）包膜 HBsAg，串珠代表丁型肝炎病毒抗原（HDAg），第一串珠 3、第二串珠 4 分别代表 P24、P27 两种多肽。

[0040] 本实施例中，各部件都采用可拆装结构，能令使用者更加了解丁型肝炎病毒（HDV）的结构特征，从而加深记忆。

螺旋对称的杆状病毒模型教具

专利号： 2014 2 0119673.4

发明人： 朱越雄　曹广力　朱玉芳　顾福根

摘　要： 本实用新型公开了一种螺旋对称的杆状病毒模型教具，其特征在于——包括螺旋形的本体及均设在所述本体外表面的模块。本实用新型结构简单、层次分明、拆装灵活、形象生动、生产工艺简单、成本低廉。

权利要求书：

1. 一种螺旋对称的杆状病毒模型教具，其特征在于：包括螺旋形的本体及均设在所述本体外表面的模块，所述模块卡设在所述本体上，所述模块上设置有与所述本体相配套的凹槽。

说明书：

技术领域

［0001］本实用新型涉及教学用具领域，尤其涉及一种螺旋对称的杆状病毒教具模型。

背景技术

［0002］螺旋对称的杆状病毒，是病毒三种基本形态之一，也是病毒三种对称体制之一。病毒核酸卷曲在由重复的蛋白质亚基组成的螺旋形衣壳中。蛋白质亚基沿中心轴呈螺旋状排列，形成高度有序、对称的稳定结构。螺旋对称的壳体形成直杆状、弯曲杆状等杆状病毒颗粒。典型的螺旋对称病毒如烟草花叶病毒（TMV）是一种在病毒学发展史各阶段都有重要影响的模式植物病毒。它呈坚硬的杆状，由于其核酸有合适的蛋白质衣壳包裹和保护，故结构十分稳定。

［0003］在教学领域一般用示意图来展示螺旋对称杆状病毒的结构，但平面的图片不能够很好地分析其结构，解释其合成过程，所以需要一个三维的模型进行辅助讲解。

发明内容

［0004］本实用新型的目的是提供一种结构简单、生动形象的螺旋对称的杆状病毒模型教具。

［0005］为达到上述目的，本实用新型采用的技术方案是：一种螺旋对称的杆状病毒模型教具，包括螺旋形的本体及均设在所述本体外表面的模

块，所述模块卡设在所述本体内，所述模块上设置有与所述本体相配套的凹槽。

［0006］上述技术方案中，模块为鞋楦型，通过凹槽卡设在本体外表面。

［0007］由于上述技术方案的运用，本实用新型与现有技术相比具有下列优点：

［0008］本实用新型为拆装式模型教具，结构简单、操作方便、生动形象、减小包装空间、节约运输成本。

说明书附图

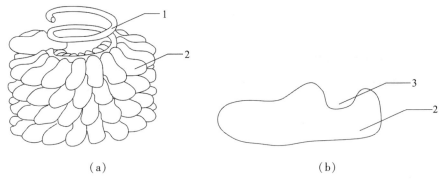

（a）　　　　　　　　　　　　　（b）

图1.16

附图说明

［0009］图1.16（a）为本实用新型结构示意图。

［0010］图1.16（b）为本实用新型拆分图。

［0011］其中：1.本体；2.模块；3.凹槽。

具体实施方式

［0012］下面结合附图及实施例对本实用新型作进一步描述：

［0013］实施例一：

［0014］如图1.16中的（a）和（b）所示，一种螺旋对称的杆状病毒模型教具，包括螺旋形的本体1及均设在本体1外表面的模块2，模块2卡设在所述本体1内，模块2上设置有与本体1相配套的凹槽3。

［0015］模块2为鞋楦型，通过凹槽3卡设在本体1外表面。

［0016］模块2代表螺旋对称的杆状病毒的蛋白质亚基，本体1代表病毒核酸。

一种噬菌体模型教具

专利号： ZL 2012 1 0221001. X，ZL 2012 2 0311397. 2

发明人： 朱越雄　曹广力

摘　要： 本实用新型公开了一种噬菌体模型教具，其特征在于：其包括头部、线状核心、尾鞘、尾管、基板，所述头部是一下方设有颈部的半个空心正二十面体，所述头部外表面设置有均匀分布凸起的半球体，所述尾鞘为一外表面设置有均匀的沿中心轴连续螺旋排列的半球体的中空圆管，所述尾管为一有颈环的中空圆管，所述尾鞘为一中空圆管，所述基板为一上面设置有一中空圆管的中空圆盘；所述线状核心设置在所述头部内，所述头部设置在所述尾管的颈环上，所述尾管设置在所述尾鞘内，所述尾鞘设置在所述基板上，所述基板上均匀设置有尾丝，底部设置有尾钉。本实用新型能够使观察者清楚地了解噬菌体的外观、结构及工作原理，还能够节省运输空间，降低运输成本。

权利要求书：

1. 一种噬菌体模型教具，其特征在于：其包括头部、线状核心、尾鞘、尾管、基板，所述头部是一下方设有颈部的半个空心正二十面体，所述头部外表面设置有均匀分布凸起的半球体，所述尾鞘为一外表面设置有均匀的沿中心轴连续螺旋排列的半球体的中空圆管，所述尾管为一有颈环的中空圆管，所述尾鞘为一中空圆管，所述基板为一上面设置有一中空圆管的中空圆盘；所述线状核心设置在所述头部内，所述头部设置在所述尾管的颈环上，所述尾管设置在所述尾鞘内，所述尾鞘设置在所述基板上，所述基板上均匀设置有尾丝，底部设置有尾钉。

2. 根据权利要求 1 所述的一种噬菌体模型教具，其特征在于：所述头部内部上方两侧面上各设置有一条凹槽。

3. 根据权利要求 1 所述的一种噬菌体模型教具，其特征在于：所述尾鞘内表面设置有均匀的沿中心轴连续螺旋排列的螺旋凹槽。

4. 根据权利要求 1 所述的一种噬菌体模型教具，其特征在于：所述尾鞘由两片半圆片组成，分别为第一半圆片与第二半圆片，所述第一半圆片与第二半圆片采用卡扣连接，扣起来形成一中空圆管。

5. 根据权利要求 1 所述的一种噬菌体模型教具，其特征在于：所述基板边缘环形均匀设置有 6 个孔，所述尾丝设置在所述孔内。

6. 根据权利要求 1 所述的一种噬菌体模型教具，其特征在于：所述线状核心为线状金属，上部有两条与所述凹槽配合的金属线，其余形状无定性。

7. 根据权利要求 1 所述的一种噬菌体模型教具，其特征在于：所述尾丝为折线形金属丝，数量为 6 根。

8. 根据权利要求 1 所述的一种噬菌体模型教具，其特征在于：所述尾钉形状是圆台形，数量为 6 个，沿基板中心环形均匀排列。

9. 根据权利要求 1 所述的一种噬菌体模型教具，其特征在于：所述颈环尾管分为上部、下部，所述尾管上部高度小于所述颈部高度，所述尾管外直径小于所述颈部内直径，所述颈环外直径与所述尾鞘外直径相同。

说明书：

技术领域

[0001] 本实用新型涉及一种模型教具，尤其涉及噬菌体模型教具。

背景技术

[0002] 自 1907 年噬菌体被发现之后，其在人类对于微生物的研究中有着杰出的贡献，例如：证明 DNA 是遗传物质，利用噬菌体成功治疗绿脓杆菌对烧伤病人的感染等。

[0003] 噬菌体颗粒感染一个细菌细胞后可迅速生成几百个子代噬菌体颗粒，每个子代颗粒又可感染细菌细胞，再生成几百个子代噬菌体颗粒。如此重复只需四次，一个噬菌体颗粒便可使几十亿个细菌感染。然而，噬菌体有时有益，有时有害，有益是由于它会使人体内的一些病菌死亡，有害是指它可能会使一些有益菌或者其他本身属于有害菌但被人利用做一些有益的事的细菌或者真菌感染致死；在发酵工业上噬菌体的危害也很大，大罐液体发酵若受噬菌体严重污染，轻则引发发酵周期延长、发酵液变清和发酵产物难以形成等事故，重则造成倒罐、停产甚至危及工厂命运。所以噬菌体的运用十分关键。要利用噬菌体就要对噬菌体进行全面的了解，从结构、性能、作用等各方面进行分析。然而现在研究噬菌体只能通过电子显微镜观察，在教学领域中，这个办法不能很好地实施，因为每个人通过显微镜所看到的是不一样的。也有利用照片或者示意图来进行教学的，但由于这是平面的，不能够很好地分析其结构，解释其工作原理。

发明内容

[0004] 本实用新型的目的是提供一种结构简单、携带方便、能够很好

地展现噬菌体结构和工作原理的模型教具。

[0005] 为达到上述目的，本实用新型采用的技术方案是：一种噬菌体模型教具，包括头部、线状核心、尾鞘、尾管、基板，所述头部是一下方设有颈部的半个空心正二十面体，所述头部外表面设置有均匀分布凸起的半球体，所述尾鞘为一外表面设置有均匀的沿中心轴连续螺旋排列的半球体的中空圆管，所述尾管为一有颈环的中空圆管，所述尾鞘为一中空圆管，所述基板为一上面设置有一中空圆管的中空圆盘；所述线状核心设置在所述头部内，所述头部设置在所述尾管的颈环上，所述尾管设置在所述尾鞘内，所述尾鞘设置在所述基板上，所述基板上均匀设置有尾丝，底部设置有尾钉。

[0006] 优选的技术方案，所述头部内部上方两侧面上各设置有一条凹槽。

[0007] 优选的技术方案，所述尾鞘内表面设置有均匀的沿中心轴连续螺旋排列的凹槽。所述尾鞘由两片半圆片组成，分别为第一半圆片与第二半圆片。

[0008] 其中，在所述第一半圆片与第二半圆片顶部内侧设置有支撑片，所述第一半圆片与第二半圆片采用卡扣连接，扣起来形成一中空圆管，利用所述支撑片卡在所述尾管上。

[0009] 优选的技术方案，所述基板边缘环形均匀设置有六个孔，所述尾丝设置在所述孔内。

[0010] 优选的技术方案，所述线状核心为线状金属，上部有两条与所述凹槽配合的金属线，其余形状无定性。

[0011] 优选的技术方案，所述尾丝为折线形金属丝，数量为六根。

[0012] 优选的技术方案，所述尾钉形状是圆台形，数量为六个，沿基板中心环形均匀排列。

[0013] 上述技术方案中，所述头部是被中心轴所在平面切割的空心二十面体的一半，所述颈部的中心轴在切割面上，所述尾管分为上部、下部，所述尾管上部高度小于所述颈部高度，所述尾管外直径小于所述颈部内直径，所述颈环外直径与所述尾鞘外直径相同。

[0014] 所述基板上的中空圆管外直径小于所述尾鞘内直径，所述基板外直径大于所述尾鞘外直径。

[0015] 所述头部、尾鞘、尾管、基板、尾钉材质为塑料，线状核心、

尾丝材料为金属。

[0016] 通过头部、线状核心、尾鞘、尾管、基板、尾丝各部分的结合，形成一个完整的噬菌体模型。

[0017] 由于上述技术方案运用，本实用新型与现有技术相比具有下列优点：

[0018] 1. 本实用新型的结构是三维立体结构，能够使观察者清楚地了解噬菌体的外观及结构。

[0019] 2. 本实用新型采用的是拆装结构，不仅能够节省运输空间，降低运输成本，还能够提高使用者的动手能力，更加深入了解噬菌体的构造，从而加深记忆。

[0020] 3. 本实用新型的主要材料是塑料，不仅能节约一些成本，并且可以制造成多种色彩，用颜色标记病毒上各个外形相似却有不同功用、不同结构的部件。

说明书附图

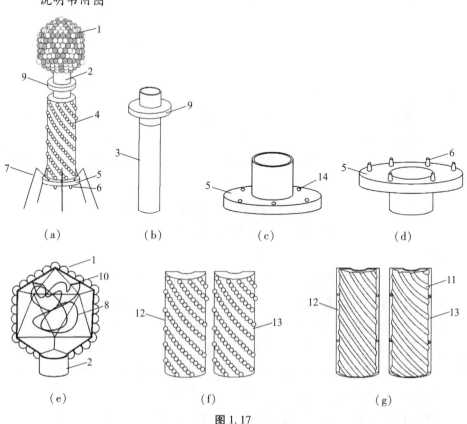

（a）　　　　（b）　　　　（c）　　　　（d）

（e）　　　　（f）　　　　（g）

图 1.17

附图说明

[0021] 附图 1.17（a）为噬菌体模型教具立体图。

[0022] 附图 1.17（b）为尾管立体图。

[0023] 附图 1.17（c）为底座立体图。

[0024] 附图 1.17（d）为底座反面立体图。

[0025] 附图 1.17（e）为头部反面立体图。

[0026] 附图 1.17（f）为尾鞘表面图。

[0027] 附图 1.17（g）为尾鞘内部图。

[0028] 其中：1. 头部；2. 颈部；3. 尾管；4. 尾鞘；5. 基板；6. 尾钉；7. 尾丝；8. 线状核心；9. 颈环；10. 凹槽；11. 螺旋凹槽；12. 第一半圆片；13. 第二半圆片；14. 孔。

具体实施方式

[0029] 下面结合附图所示的实施例对本实用新型作进一步描述：

[0030] 实施例一：

[0031] 如图 1.17 所示，一种噬菌体模型教具，包括头部 1、线状核心 8、尾鞘 4、尾管 3、基板 5，头部 1 是一下方设有颈部 2 的半个空心正二十面体，头部 1 外表面设置有均匀分布凸起的半球体，尾鞘 4 为一外表面设置有均匀的沿中心轴连续螺旋排列的半球体的中空圆管，尾管 3 为一有颈环 9 的中空圆管，尾鞘 4 为一中空圆管，基板 5 为一上面设置有一中空圆管的中空圆盘；线状核心 8 设置在头部 1 内，头部 1 设置在尾管 3 的颈环 9 上，尾管 3 设置在尾鞘 4 内，尾鞘 4 设置在基板 5 上，基板 5 上均匀设置有尾丝 7，底部设置有尾钉 6。

[0032] 本实施例中，头部 1 内部上方两侧面上各设置有一条凹槽 10，线状核心 8 为线状金属，上部有两条与凹槽 10 配合的金属线，使用时把金属线卡进凹槽 10 内即可。

[0033] 尾鞘 4 外表面设置有均匀的沿中心轴连续螺旋排列的半球体，尾鞘 4 内表面设置有均匀的沿中心轴连续螺旋排列的螺旋凹槽 11，尾鞘 4 由两片半圆片组成，分别为第一半圆片 12 与第二半圆片 13，第一半圆片 12 与第二半圆片 13 采用卡扣连接，扣起来形成一中空圆管。

[0034] 在第一半圆片 12 与第二半圆片 13 顶部内侧设置有支撑片，在尾管 3 上设置有与支撑片相配合的环形凹槽，利用支撑片和环形凹槽的配合可以把尾管固定在尾鞘 4 内。

[0035] 基板边缘环形均匀设置有六个孔 14。每个孔 14 对应安装一根折线形金属尾丝 7，在基板 5 底部沿基板中心环形均匀排列有 6 个圆台状的尾钉 6。

[0036] 拆装结构更有利于使用者加深对噬菌体结构的认知和记忆，并且有利于包装运输，节省包装运输的空间和成本。

▶ 四、微生物与免疫学部分

一种革兰阳性菌细胞壁模型教具

专利号： ZL 2013 2 0229901.9

发明人： 朱越雄　赵英伟　王蕾　李蒙英　吴康　曹广力

摘　要： 本实用新型公开了一种革兰阳性菌细胞壁模型教具，其包括长方体基座，嵌设在所述基座上的第一、第二、第三嵌体，连接在所述基座上侧面的网格状网格体，所述基座上侧面还设置有圆形珠串，所述网格体顶部设置有方形珠串。本实用新型不仅能够形象地展示出革兰阳性菌细胞壁各特殊组分的结构特征及相互间的联系，还能锻炼使用者的动手能力及加深记忆。

权利要求书：

1. 一种革兰阳性菌细胞壁模型教具，其特征在于：其包括长方体基座，嵌设在所述基座上的第一、第二、第三嵌体，连接在所述基座上侧面的网格状网格体，所述基座上侧面还设置有圆形珠串，所述网格体顶部设置有方形珠串，所述第一嵌体为一端为半圆形且在其长度方向上设置有一凹槽的长方体，所述第二嵌体为两端为弧形的长方体，所述第三嵌体为两端为弧形的长方体。

2. 根据权利要求 1 所述的一种革兰阳性菌细胞壁模型教具，其特征在于：所述网格体的结点上设置有球体，所述网格体顶部及底部的球体上设置有插接孔。

3. 根据权利要求 2 所述的一种革兰阳性菌细胞壁模型教具，其特征在于：所述基座上侧面设置有与所述插接孔相对应的插接杆。

4. 根据权利要求 2 所述的一种革兰阳性菌细胞壁模型教具，其特征在于：所述方形串珠连接在所述网格体顶部的球体上，所述方形珠串底部设置有连接杆，所述连接杆与所述插接孔相配合。

5. 根据权利要求 1 所述的一种革兰阳性菌细胞壁模型教具，其特征在于：所述圆形珠串设置有两条，所述方形珠串设置有两条。

6. 根据权利要求 1 所述的一种革兰阳性菌细胞壁模型教具，其特征在于：所述基座上侧面设置有与所述圆形珠串相对应的卡孔。

7. 根据权利要求 1 所述的一种革兰阳性菌细胞壁模型教具，其特征在于：所述基座上设置有与所述第一、第二、第三嵌体相配合的凹腔。

8. 根据权利要求 1 所述的一种革兰阳性菌细胞壁模型教具，其特征在于：所述第一嵌体分上下两排对称设置在所述基座上，所述第二嵌体设置有两个且分别设置在上下两排第一嵌体中，所述第三嵌体设置有一个且设置在所述基座中心。

说明书：

技术领域

[0001] 本实用新型涉及教学用具领域，尤其涉及一种革兰阳性菌细胞壁模型教具。

背景技术

[0002] 革兰阳性菌的细胞壁较厚，除含有 15~50 层肽聚糖结构外，大多数尚含有大量的磷壁酸，少数是磷壁醛酸，约占细胞壁干重的 50%。

[0003] 磷壁酸是由核糖醇或甘油残基经磷酸二酯键互相连接而成的多聚物，其结构中少数基团被氨基酸或糖取代，多个磷壁酸分子组成长链穿插于肽聚糖层中。按其结合部位不同，分为壁磷壁酸和膜磷壁酸两种，前者的一端通过磷脂与肽聚糖上的胞壁酸共价结合，另一端伸出细胞壁游离于外。膜磷壁酸又称脂磷壁酸，一端与细胞膜外层上的糖脂共价结合，另一端穿越肽聚糖层伸出细胞壁表面呈游离状态。

[0004] 由于革兰阳性菌细胞壁组分多样，互相影响，在解释革兰阳性菌细胞壁的特殊组分时，较为复杂，特别是在教学领域中，单纯依靠示意图来讲解，并不能直观地表现革兰阳性菌细胞壁特殊组分及其相互间的结构和作用。

发明内容

[0005] 本实用新型的目的是提供一种三维立体拆装式的革兰阳性菌细胞壁模型教具。

[0006] 为达到上述目的，本实用新型采用的技术方案是：一种革兰阳性菌细胞壁模型教具，其包括长方体基座，嵌设在所述基座上的第一、第二、第三嵌体，连接在所述基座上侧面的网格状网格体，所述基座上侧面还设置有圆形珠串，所述网格体顶部设置有方形珠串，所述第一嵌体为一端为半圆形且在其长度方向上设置有一凹槽的长方体，所述第二嵌体为两端为弧形的长方体，所述第三嵌体为两端为弧形的长方体。

[0007] 优选的技术方案，所述网格体的结点上设置有球体，所述网格体顶部及底部的球体上设置有插接孔。

[0008] 进一步技术方案，所述基座上侧面设置有与所述插接孔相对应的插接杆。

[0009] 进一步技术方案，所述方形珠串连接在所述网格体顶部的球体上，所述方形珠串底部设置有连接杆，所述连接杆与所述插接孔相配合。

[0010] 优选的技术方案，所述圆形珠串设置有两条，所述方形珠串设置有两条。

[0011] 优选的技术方案，所述基座上侧面设置有与所述圆形珠串相对应的卡孔。

[0012] 优选的技术方案，所述基座上设置有与所述第一、第二、第三嵌体相配合的凹腔。

[0013] 优选的技术方案，所述第一嵌体分上下两排对称设置在所述基座上，所述第二嵌体设置有两个且分别设置在上下两排第一嵌体中，所述第三嵌体设置有一个且设置在所述基座中心。

[0014] 上述技术方案中，基座代表革兰阳性菌细胞膜，第一嵌体代表革兰阳性菌细胞膜上的磷脂，第二嵌体代表革兰阳性菌细胞膜上的嵌入蛋白，第三嵌体代表革兰阳性菌细胞膜上的跨膜蛋白，网格体代表革兰阳性菌细胞壁的肽聚糖，圆形珠串代表一端与细胞膜外层上的糖脂共价结合的膜磷壁酸，方形珠串代表一端通过磷脂与肽聚糖上的胞壁酸共价结合的壁磷壁酸。

[0015] 由于上述技术方案的运用，本实用新型与现有技术相比具有下列优点：

[0016] 本实用新型采用拆装式三维立体结构，不仅能形象地表示革兰阳性菌细胞壁各特殊组分的结构特征及相互间的作用，还能提高使用者的动手能力，加深使用者的记忆。

说明书附图

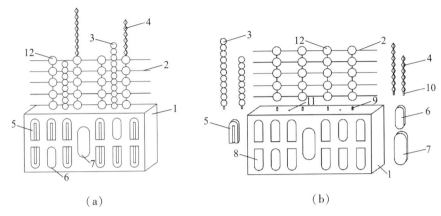

（a）　　　　　　　　　　　　　　（b）

图 1.18

附图说明

[0017] 图 1.18（a）为立体图。

[0018] 图 1.18（b）为分解图。

[0019] 其中：1. 基座；2. 网格体；3. 圆形珠串；4. 方形珠串；5. 第一嵌体；6. 第二嵌体；7. 第三嵌体；8. 凹腔；9. 插接杆；10. 连接杆；11. 卡孔；12. 球体。

具体实施方式

[0020] 下面结合附图及实施例对本实用新型作进一步描述：

[0021] 实施例一：

[0022] 如图 1.18 所示，一种革兰阳性菌细胞壁模型教具，其包括长方体基座 1，嵌设在基座 1 上的第一、第二、第三嵌体，连接在基座 1 上侧面的网格状网格体 2，基座 1 上侧面还设置有圆形珠串 3，网格体 2 顶部设置有方形珠串 4，第一嵌体 5 为一端为半圆形且在其长度方向上设置有一凹槽的长方体，第二嵌体 6 为两端为弧形的长方体，第三嵌体 7 为两端为弧形的长方体。

[0023] 网格体 2 的结点上设置有球体 12，网格体 2 顶部及底部的球体 12 上设置有插接孔。

[0024] 基座 1 上侧面设置有与插接孔相对应的插接杆 9。

[0025] 方形串珠连接在网格体 2 顶部的球体 12 上，方形珠串 4 底部设置有连接杆 10，连接杆 10 与插接孔相配合。

［0026］圆形珠串 3 设置有两条，方形珠串 4 设置有两条。

［0027］基座 1 上侧面设置有与圆形珠串 3 相对应的卡孔 11。

［0028］基座上设置有与第一、第二、第三嵌体相配合的凹腔 8。

［0029］第一嵌体 5 分上下两排对称设置在基座上，第二嵌体 6 设置有两个且分别设置在上下两排第一嵌体 5 中，第三嵌体 7 设置有一个且设置在基座中心。

［0030］本实施例中，基座 1 代表革兰阳性菌细胞膜，第一嵌体 5 代表革兰阳性菌细胞膜上的磷脂，第二嵌体 6 代表革兰阳性菌细胞膜上的嵌入蛋白，第三嵌体 7 代表革兰阳性菌细胞膜上的跨膜蛋白，网格体 2 代表革兰阳性菌细胞壁的肽聚糖层，圆形珠串 3 代表一端与细胞膜外层上的糖脂共价结合的膜磷壁酸，方形珠串 4 代表一端通过磷脂与肽聚糖上的胞壁酸共价结合的壁磷壁酸。本实施例不仅能够形象地展示出革兰阳性菌细胞壁各特殊组分的结构特征及相互间的联系，还能锻炼使用者的动手能力及加深记忆。

一种组装式革兰氏阴性菌细胞壁模型教具

专利号： ZL 2015 2 0627980.8

发明人： 朱越雄　曹广力

摘　要： 本实用新型公开了一种组装式革兰氏阴性菌细胞壁模型教具，包括长方体基座、两条串体、两个第一嵌体、两个第二嵌体、两个第三嵌体、一个第四嵌体、四个连接体及多个组装体，所述基座下端部水平设置有两条平行的凹槽，所述两条串体、两个第一嵌体、两个第二嵌体、两个第三嵌体、一个第四嵌体、四个连接体由下至上依次设置在所述凹槽上方，所述多个组装体设置在所述四个连接体顶端。本实用新型结构简单、拆装灵活、形象生动。

权利要求书：

1. 一种组装式革兰氏阴性菌细胞壁模型教具，其特征在于：包括长方体基座、两条串体、两个第一嵌体、两个第二嵌体、两个第三嵌体、一个第四嵌体、四个连接体及多个组装体，所述串体包括多个圆珠及将所述多个圆珠串连的串杆，所述第一嵌体为一圆柱体，所述第二嵌体为一圆柱体，所述连接体为长方体，所述组装体为正六棱柱，所述基座下端部水平设置有两条平行的凹槽，所述基座上位于所述凹槽上方设置有与所述两条串体相配合的圆形凹槽，所述基座上位于所述圆形凹槽上方设置有两个与所述第一嵌体相配合的第一凹槽，所述基座上位于所述圆形凹槽上方设置有两个与所述第二嵌体相配合的第二凹槽，所述基座上位于所述第一凹槽、第二凹槽上方水平设置有第五凹槽，所述第五凹槽上设置有与所述第三嵌体相配合的第三凹槽，所述第五凹槽上设置有与所述第四嵌体相配合的第四凹槽，所述基座上端部设置有四个与所述连接体相配合的连接体凹槽；所述两条串体嵌设在所述圆形凹槽内，所述第一嵌体嵌设在所述两个第一凹槽内，所述两个第二嵌体嵌设在所述两个第二凹槽内，所述第三嵌体嵌设在所述第三凹槽内，所述第四嵌体嵌设在所述第四凹槽内，所述四个连接体嵌设在所述四个连接体凹槽内，所述多个组装体设置在所述四个连接体顶端。

2. 根据权利要求 1 所述的一种组装式革兰氏阴性菌细胞壁模型教具，其特征在于：所述组装体内设置有磁铁，所述连接体内设置有磁铁。

3. 根据权利要求 1 所述的一种组装式革兰氏阴性菌细胞壁模型教具，其特征在于：所述两条凹槽内设置有两条第五嵌体。

说明书：

技术领域

［0001］本实用新型涉及教学用具领域，尤其涉及一种组装式革兰氏阴性菌细胞壁模型教具。

背景技术

［0002］细胞壁是位于细胞质膜外的一层较厚、较坚韧并略具弹性的结构。所有细菌的细胞壁都具有的共性成分是肽聚糖，是由乙酰氨基葡萄糖、乙酰胞壁酸与四个氨基酸短肽聚合而成的多层网状大分子结构。革兰氏阴性菌与阳性菌的细胞壁成分与结构差异明显，是细菌呈革兰氏阴性反应与阳性反应的重要原因。G^- 细菌的细胞壁较薄（10～15 nm），却有多层构造，其化学成分中除含有内层的肽聚糖以外，外层结构还含有一定量的类脂质和蛋白质等成分，因结构类似细胞膜，故也称外膜。外膜是革兰氏阴性细菌所特有的结构，外膜由脂多糖、磷脂双分子层与脂蛋白组成。外膜的内层是脂蛋白，连接着磷脂双分子层与肽聚糖层；中间是磷脂双分子层，它与细胞膜的脂双层非常相似，只是其中插有跨膜的孔蛋白与外膜蛋白；外层是脂多糖。

［0003］在教学领域一般用示意图来展示革兰氏阴性菌细胞壁的结构特

征，但是用平面的图片不能够清晰地分析及讲解，所以需要一个三维的模型进行辅助讲解。

发明内容

[0004] 本实用新型的目的是提供一种拆装灵活、形象生动的三维拆装式革兰氏阴性菌细胞壁模型教具。

[0005] 为达到上述目的，本实用新型采用的技术方案是：一种组装式革兰氏阴性菌细胞壁模型教具，包括长方体基座、两条串体、两个第一嵌体、两个第二嵌体、两个第三嵌体、一个第四嵌体、四个连接体及多个组装体，所述串体包括多个圆珠及将所述多个圆珠串连的串杆，所述第一嵌体为一圆柱体，所述第二嵌体为一圆柱体，所述第三嵌体为水滴形，所述第四嵌体由三根圆柱体组成，所述连接体为长方体，所述组装体为正六棱柱，所述基座下端部水平设置有两条平行的凹槽，所述基座上位于所述凹槽上方设置有与所述两条串体相配合的圆形凹槽，所述基座上位于所述圆形凹槽上方设置有两个与所述第一嵌体相配合的第一凹槽，所述基座上位于所述圆形凹槽上方设置有两个与所述第二嵌体相配合的第二凹槽，所述基座上位于所述第一凹槽、第二凹槽上方水平设置有第五凹槽，所述第五凹槽上设置有两个与所述第三嵌体相配合的第三凹槽，所述第五凹槽上设置有一个与所述第四嵌体相配合的第四凹槽，所述基座上端部设置有四个与所述连接体相配合的连接体凹槽；所述两条串体嵌设在所述圆形凹槽内，所述第一嵌体嵌设在所述两个第一凹槽内，所述两个第二嵌体嵌设在所述两个第二凹槽内，所述两个第三嵌体嵌设在所述第三凹槽内，所述一个第四嵌体嵌设在所述第四凹槽内，所述四个连接体嵌设在所述四个连接体凹槽内，所述多个组装体设置在所述四个连接体顶端。

[0006] 优选的技术方案，所述组装体内设置有磁铁，所述连接体内设置有磁铁。

[0007] 优选的技术方案，所述两条凹槽内设置有两条第五嵌体。

[0008] 上述技术方案中，基座代表革兰氏阴性菌的细胞壁，串体代表肽聚糖，第一、第二嵌体代表脂蛋白，第三嵌体代表外膜蛋白，第四嵌体代表孔蛋白，连接体及组装体代表脂多糖，凹槽代表细胞质膜，位于上方的第五凹槽代表细胞壁外模中的内层磷脂。

[0009] 由于上述技术方案的运用，本实用新型与现有技术相比具有下列优点：

[0010] 本实用新型结构简单、拆装灵活、形象生动。

说明书附图

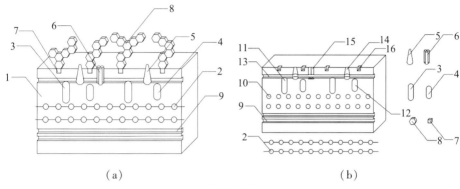

图 1.19

附图说明

[0011] 图 1.19（a）为本实用新型结构示意图。

[0012] 图 1.19（b）为本实用新型拆分图。

[0013] 其中：1. 基座；2. 串体；3. 第一嵌体；4. 第二嵌体；5. 第三嵌体；6. 第四嵌体；7. 连接体；8. 组装体；9. 凹槽；10. 圆形凹槽；11. 第一凹槽；12. 第二凹槽；13. 第五凹槽；14. 第三凹槽；15. 第四凹槽；16. 连接体凹槽。

具体实施方式

[0014] 下面结合附图及实施例对本实用新型作进一步描述：

[0015] 实施例一：

[0016] 如图 1.19 所示，革兰氏阴性菌细胞壁模型教具，包括长方体基座 1、两条串体 2、两个第一嵌体 3、两个第二嵌体 4、两个第三嵌体 5、一个第四嵌体 6、四个连接体 7 及多个组装体 8，串体 2 包括多个圆珠及将多个圆珠串连的串杆，第一嵌体 3 为一圆柱体，第二嵌体 4 为一圆柱体，第三嵌体 5 为水滴形，第四嵌体 6 由三根圆柱体组成，连接体 7 为长方体，组装体 8 为正六棱柱，基座 1 下端部水平设置有两条平行的凹槽 9，基座 1 上位于凹槽 9 上方设置有与两条串体 2 相配合的圆形凹槽 10，基座上位于圆形凹槽 10 上方设置有两个与第一嵌体 3 相配合的第一凹槽 11，基座 1 上位于圆形凹槽 10 上方设置有两个与第二嵌体 4 相配合的第二凹槽 12，基座 1 上位于第一凹槽 11、第二凹槽 12 上方水平设置有第五凹槽 13，第五凹槽 13 上设置有两个与第三嵌体 5 相配合的第三凹槽 14，第五凹槽 13 上设置有一

个与第四嵌体 6 相配合的第四凹槽 15，底座 1 上端部设置有四个与连接体 7 相配合的连接体凹槽 16；两条串体 2 嵌设在圆形凹槽 10 内，第一嵌体 3 嵌设在两个第一凹槽 11 内，两个第二嵌体 4 嵌设在两个第二凹槽 12 内，两个第三嵌体 5 嵌设在第三凹槽 14 内，一个第四嵌体 6 嵌设在第四凹槽 15 内，四个连接体 7 嵌设在四个连接体凹槽 16 内。

［0017］组装体 8 内设置有磁铁，连接体 7 内设置有磁铁。

［0018］在第一个连接体 7 顶端吸附有 6 个组装体 8，第二个连接体 7 顶端吸附有 5 个组装体 8，第三个连接体 7 顶端吸附有 8 个组装体 8，第四个连接体 7 顶端吸附有 6 个组装体 8。

［0019］两条凹槽 9 内设置有两条第五嵌体。

［0020］使用方法：

［0021］基座代表革兰氏阴性菌的细胞壁，串体 2 代表肽聚糖，第一嵌体 3、第二嵌体 4 代表脂蛋白，第三嵌体 5 代表外膜蛋白，第四嵌体 6 代表孔蛋白，连接体 7 及组装体代表脂多糖，凹槽 9 代表细胞质膜，位于上方的第五凹槽 13 代表细胞壁外模中的内层磷脂。

［0022］在教学使用时，教师可根据需要拆装组合讲解。

一种革兰氏阴性菌鞭毛根部模型教具

专利号： ZL 2012 2 0452118.4

发明人： 朱越雄　曹广力

摘　要： 本实用新型公开了一种革兰氏阴性菌鞭毛根部模型教具，其特征在于——其包括中心管、与所述中心管相连通的弯管、与所述弯管相连通的延伸管，所述弯管的转角为 90°，所述中心管自上而下分别套设有第一环、第二环、第三环、中间环、第四环，所述第三环的底面与所述中间环的顶面相靠，所述第四环的顶面与所述中间环的底面相靠，所述第三环、第四环与所述中间环外圈设置有外环，所述弯管与所述中心管转动连接。本实用新型能够使观察者清楚地了解鞭毛根部的外观及结构，还能够节省运输空间，降低运输成本。

权利要求书：

1. 一种革兰氏阴性菌鞭毛根部模型教具，其特征在于：其包括中心管、与所述中心管相连通的弯管、与所述弯管相连通的延伸管，所述中心管自上而下分别套设有第一环、第二环、第三环、中间环、第四环，所述第三环的底面与所述中间环的顶面相靠，所述第四环的顶面与所述中间环的底面相靠，所述第三环、第四环与所述中间环外圈设置有外环，所述弯管与所述中心管转动连接。

2. 根据权利要求 1 所述的一种革兰氏阴性菌鞭毛根部模型教具，其特征在于：所述弯管的转角为 90°。

3. 根据权利要求 1 或 2 所述的一种革兰氏阴性菌鞭毛根部模型教具，其特征在于：所述弯管与所述中心管通过轴承连接。

4. 根据权利要求 1 所述的一种革兰氏阴性菌鞭毛根部模型教具，其特征在于：所述第一环、第二环、第三环、第四环大小和形状相同。

5. 根据权利要求 1 所述的一种革兰氏阴性菌鞭毛根部模型教具，其特征在于：所述外环设置有开口。

6. 根据权利要求 1 所述的一种革兰氏阴性菌鞭毛根部模型教具，其特征在于：所述延伸管为软管。

7. 根据权利要求 1 所述的一种革兰氏阴性菌鞭毛根部模型教具，其特征在于：所述中间环与所述外环外表面均匀设置有多条竖直的凹槽。

8. 根据权利要求 1 所述的一种革兰氏阴性菌鞭毛根部模型教具，其特征在于：所述延伸管与所述弯管采用卡扣连接。

说明书：

技术领域

［0001］本实用新型涉及一种模型教具，尤其涉及一种革兰氏阴性菌鞭毛根部模型教具。

背景技术

［0002］许多细菌，包括大多数弧菌、螺菌，约半数的杆菌和个别球菌，在菌体上富有细长并且波状弯曲的丝状物，少的有 1～2 根，多的可达数百根。这些丝状物称为鞭毛，是细菌的运动器官。鞭毛菌在液体环境下可自由移动，速度迅速。鞭毛菌的运动为化学趋向性、趋光性、趋磁性等运动，有助于细菌向营养物质处前进，而逃离有害物质，鞭毛也可用于细菌的鉴定和分类。

［0003］当鞭毛长在 5～20 μm、直径在 12～30 nm 范围时，需要用电子显微镜观察或者经过特殊染色法使鞭毛增粗后才能在普通的光学显微镜下看到。然而在研究领域特别是教学领域，只靠观察光学显微镜是明显不够

的，无法清晰地解释鞭毛各运动部件之间的关系，更不能够清楚地分析鞭毛的运动机制。

［0004］由于革兰氏阴性菌鞭毛根部结构在一般教材中被作为鞭毛根部结构的代表来介绍，因此，在教学领域更需要革兰氏阴性菌鞭毛根部结构的立体模型。

发明内容

［0005］本实用新型的目的是提供一种结构简单、携带方便又能够良好展现鞭毛根部结构的鞭毛根部模型教具。

［0006］为达到上述目的，本实用新型采用的技术方案是：一种革兰氏阴性菌鞭毛根部模型教具，其包括中心管、与所述中心管相连通的弯管、与所述弯管相连通的延伸管，所述中心管自上而下分别套设有第一环、第二环、第三环、中间环、第四环，所述第三环的底面与所述中间环的顶面相靠，所述第四环的顶面与所述中间环的底面相靠，所述第三环、第四环与所述中间环外圈设置有外环，所述弯管与所述中心管转动连接。

［0007］优选的技术方案，所述弯管的转角为90°，所述弯管与所述中心管通过轴承连接，轴承内圈设置在所述弯管底部外表面，所述轴承内圈设置在所述中心管顶部内表面，使用轴承可以有效地减少部件转动时的摩擦力。

［0008］优选的技术方案，所述第一环、第二环、第三环、第四环大小形状相同，所述第一环与所述第二环中间有一定的间距，所述第二环与所述第三环中间有一定的间距，所述第三环与所述中间环、第四环紧靠在一起。

［0009］优选的技术方案，为了更加清楚地展示模型内部的结构，在所述外环设置有开口，这样就可以观察到所述第三环、中间环、第四环的结构。

［0010］优选的技术方案，所述延伸管为软管。

［0011］优选的技术方案，所述中间环与所述外环外表面均匀设置有多条竖直的凹槽。

［0012］优选的技术方案，所述延伸管与所述弯管采用卡扣连接。

［0013］由于上述技术方案的运用，本实用新型与现有技术相比具有下列优点：

［0014］1. 由于本实用新型的结构是三维立体结构，能够使观察者清楚

地了解鞭毛根部的外观、结构及运动机制，更适用于教学讲解。

[0015] 2. 由于本实用新型采用的是拆装结构，不仅能够节省运输空间，降低运输成本，还能够提高使用者的动手能力，加深记忆，更加深入了解鞭毛根部的构造及运动原理。

说明书附图

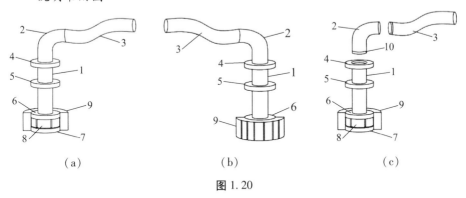

（a） （b） （c）

图 1.20

附图说明

[0016] 图 1.20（a）为本实用新型实施例的正面立体图。

[0017] 图 1.20（b）为背面立体图。

[0018] 图 1.20（c）为拆分图。

[0019] 其中：1. 中心管；2. 弯管；3. 延伸管；4. 第一环；5. 第二环；6. 第三环；7. 第四环；8. 中间环；9. 外环；10. 轴承。

具体实施方式

[0020] 下面结合附图所示的实施例对本实用新型作进一步描述：

[0021] 实施例一：

[0022] 如图 1.20 所示，一种革兰氏阴性菌鞭毛根部模型教具，其包括中心管 1、与中心管 1 相连通的弯管 2、与弯管 2 相连通的延伸管 3，弯管 2 的转角为 90°，中心管 1 自上而下分别套设有第一环 4、第二环 5、第三环 6、中间环 8、第四环 7，第三环 6 的底面与中间环 8 的顶面相靠，所述第四环 7 的顶面与中间环 8 的底面相靠，第三环 6、第四环 7 与中间环 8 外圈设置有外环 9，弯管 2 与中心管 1 通过轴承 10 连接。

[0023] 第一环 4、第二环 5、第三环 6、第四环 7 大小形状相同，外环 9 设置有开口，延伸管 3 为软管，中间环 8 与外环 9 外表面均匀设置有多条竖直的凹槽。

[0024] 鞭毛根部模型教具的组装方式：将弯管 2 的下端安装在中心管 1 的上端，再将延伸管 3 安装在弯管 2 上。

[0025] 在完整的鞭毛根部模型教具中，显示了鞭毛根部的基本结构和作用原理。鞭毛自细胞膜长出，延伸于菌细胞外，由基体、钩状体（弯管 2）和丝状体（延伸管 3）三个部分组成。基体位于鞭毛根部，嵌在细胞壁和细胞膜中。革兰氏阴性菌鞭毛的基体由一根圆柱（中心管 1）、两对同心环和输出装置组成。其中，一对是 M 环（第四环 7）和 S 环（第三环 6），附着在细胞膜上；另一对是 P 环（第二环 5）和 L 环（第一环 4），附着在细胞壁的肽聚糖和外膜的脂多糖上。基体的基底部是鞭毛的输出装置，位于细胞膜内面的细胞质内。基底部圆柱体（中心管 1）周围的"发动机"（外环 9）为鞭毛的运动提供能量，近旁的"开关"（中间环 8）决定鞭毛转动的方向。钩状体（弯管 2）位于鞭毛伸出菌体之处，呈约 90° 的弯曲。鞭毛由此转弯向外伸出，成为丝状体（延伸管 3）。

[0026] 实施例二：

[0027] 如图 1.20 中的（a）和（b）所示，一种革兰氏阴性菌鞭毛根部模型教具，其包括中心管 1、与中心管 1 相连通的弯管 2、与弯管 2 相连通的延伸管 3，弯管 2 的转角为 90°，中心管 1 自上而下分别套设有第一环 4、第二环 5、第三环 6、中间环 8、第四环 7，第三环 6 的底面与中间环 8 的顶面相靠，所述第四环 7 的顶面与中间环 8 的底面相靠，第三环 6、第四环 7 与中间环 8 外圈设置有外环 9，在弯管 2 底部设置有一圈环形卡扣，在中心管 1 顶端内部设置有一圈与环形卡扣相配合的环。

一种鞭毛鞭杆模型教具

专利号： ZL 2012 2 0457908.1

发明人： 朱越雄　曹广力

摘　要： 本实用新型公开了一种鞭毛鞭杆模型教具，其特征在于——其包括一个开口向上的圆柱形外壳、中心体、组合体，所述中心体包括两个镜像设置的中心管，所述中心管为一表面均匀设置有多个半环圈的竖直圆管，所述两个中心管通过连接杆连接，所述组合体又包括第一管、第二管、插杆组，所述第一管、第二管为竖直圆管，所述第一管与所述第二管部分相交，所述插杆又包括外插杆、内插杆、中心插杆，所述插杆组均匀设置有多个；所述中心体设置在所述外壳内底面中心，所述组合体设置有 9 个，并且以所述中心体中心轴为轴心在中心体外均匀排列在所述外壳内底部，所述各组合体上的中心插杆指向所述中心体中心。本实用新型能够使观察者清楚地了解鞭杆的外观及结构，并且携带方便。

权利要求书：

1. 一种鞭毛鞭杆模型教具，其特征在于：其包括一个开口向上的圆柱形外壳、中心体、组合体，所述中心体包括两个镜像设置的中心管，所述中心管为一表面均匀设置有多个半环圈的竖直圆管，所述两个中心管通过连接杆连接，所述组合体包括第一管、第二管、插杆组，所述第一管、第二管为竖直圆管，所述第一管与所述第二管部分相交，所述插杆组又包括外插杆、内插杆、中心插杆，所述插杆组均匀设置有多个；所述中心体设置在所述外壳内底面中心，所述组合体设置有 9 个，并且以所述中心体中心轴为轴心在中心体外均匀排列在所述外壳内底部，所述各组合体上的中心插杆指向所述中心体中心。

2. 根据权利要求 1 所述的一种鞭毛鞭杆模型教具，其特征在于：所述中心插杆头部膨大呈圆形。

3. 根据权利要求 1 所述的一种鞭毛鞭杆模型教具，其特征在于：所述插杆组设置有 3 个，所述半环圈设置有 3 组。

4. 根据权利要求 1 所述的一种鞭毛鞭杆模型教具，其特征在于：所述连接杆设置有 3 个，并且设置在两个所述半环圈中间。

5. 根据权利要求 1 所述的一种鞭毛鞭杆模型教具，其特征在于：所述插杆组的所述外插杆、内插杆、中心插杆设置在一平面上。

6. 根据权利要求 1 所述的一种鞭毛鞭杆模型教具，其特征在于：所述外壳为透明材质。

7. 根据权利要求 1 所述的一种鞭毛鞭杆模型教具，其特征在于：所述中心体、组合体与所述外壳可以用卡扣连接或者磁性连接。

说明书：

技术领域

［0001］本实用新型涉及一种模型教具，尤其涉及鞭毛鞭杆模型教具。

背景技术

［0002］某些真核微生物细胞表面长有或长或短的毛发状、具有运动功能的细胞外结构，其中形态较长（150～200 μm）、数量较少者称为鞭毛。

它们在运动功能上虽与原核生物的鞭毛相同，但在构造、运动机制等方面却差别极大。鞭毛有伸出细胞外的鞭杆、嵌入在细胞质膜上的基体及把这两者相连的过渡区。

[0003] 研究鞭杆的构造可以深入了解鞭毛的运动机制，但是鞭杆极其微小，鞭杆内的构造就更加微小了，需要用电子显微镜观察。然而在研究领域特别是教学领域只靠观察电子显微镜是明显不够的，无法清楚地分析鞭杆的构造，更不能够清晰地解释鞭杆各部件之间的关系。

发明内容

[0004] 本实用新型的目的是提供一种结构简单、携带方便又能够较好展现鞭杆结构的鞭杆模型教具。

[0005] 为达到上述目的，本实用新型采用的技术方案是：一种鞭毛鞭杆模型教具，其包括一个开口向上的圆柱形外壳、中心体、组合体，所述中心体包括两个镜像设置的中心管，所述中心管为一表面均匀设置有多个半环圈的竖直圆管，所述两个中心管通过连接杆连接，所述组合体又包括第一管、第二管、插杆组，所述第一管、第二管为竖直圆管，所述第一管与所述第二管部分相交，所述插杆组又包括外插杆、内插杆、中心插杆，所述插杆组均匀设置有多个；所述中心体设置在所述外壳内底面中心，所述组合体设置有九个并且以所述中心体中心轴为轴心在中心体外均匀排列在所述外壳内底部，所述各组合体上的中心插杆指向所述中心体中心。

[0006] 优选的技术方案，所述中心插杆头部膨大呈圆形。

[0007] 优选的技术方案，所述插杆组设置有 3 个，所述半环圈设置有三组。

[0008] 优选的技术方案，所述连接杆设置有 3 个，并且设置在两个所述半环圈中间。

[0009] 优选的技术方案，所述插杆组的所述外插杆、内插杆、中心插杆设置在一平面上。

[0010] 优选的技术方案，所述外壳为透明材质，为了方便观察和使用模型教具。

[0011] 优选的技术方案，所述中心体、组合体与所述外壳可以用卡扣连接或者磁性连接。

[0012] 由于上述技术方案的运用，本实用新型与现有技术相比具有下列优点：

[0013] 1. 由于本实用新型的结构是三维立体结构，能够使观察者清楚地了解鞭杆的外观、结构及运动机制，更适用于教学讲解。

[0014] 2. 由于本实用新型可以采用拆装结构，能够锻炼使用者的动手能力，加深记忆，从而更加深入地了解鞭杆内部的构造。

说明书附图

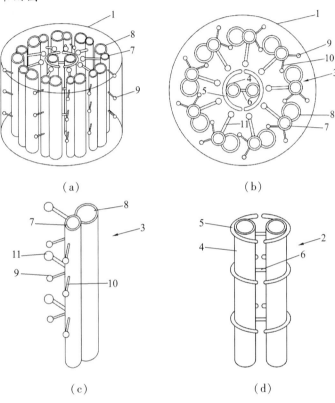

（a）　　　　　　　　　　　（b）

（c）　　　　　　　　　　　（d）

图 1.21

附图说明

[0015] 图 1.21（a）为立体图。

[0016] 图 1.21（b）为俯视图。

[0017] 图 1.21（c）为组合体立体图。

[0018] 图 1.21（d）为中心体立体图。

[0019] 其中：1. 外壳；2. 中心体；3. 组合体；4. 中心管；5. 半环圈；6. 连接杆；7. 第一管；8. 第二管；9. 外插杆；10. 内插杆；11. 中心插杆。

具体实施方式

[0020] 下面结合附图所示的实施例对本实用新型作进一步描述：

[0021] 实施例一:

[0022] 如图 1.21 所示,一种鞭毛鞭杆模型教具,其包括一个开口向上的圆柱形外壳 1、中心体 2、组合体 3、中心体 2 包括两个镜像设置的中心管 4,中心管 4 为一表面均匀设置有三个半环圈 5 的竖直圆管,两个中心管 4 通过连接杆 6 连接,组合体 3 又包括第一管 7、第二管 8、插杆组,第一管 7、第二管 8 为竖直圆管,第一管 7 与第二管 8 部分相交,插杆组又包括外插杆 9、内插杆 10、中心插杆 11,插杆组均匀设置有 3 个;中心体 2 设置在外壳 1 内底面中心,组合体 3 设置有 9 个,并且以中心体 2 中心轴为轴心在中心体外均匀排列在外壳 1 内底部,各组合体 3 上的中心插杆 11 指向中心体 2 中心。

[0023] 中心插杆 11 头部膨大呈圆形,插杆组的外插杆 9、内插杆 10、中心插杆 11 设置在一平面上,连接杆 6 设置有 3 个,并且设置在两个半环圈 5 中间,外壳 1 为透明材质,中心体 2、组合体 3 与外壳 1 采用卡扣连接。

[0024] 鞭杆模型教具的组装方式:将中心体 2、9 个组合体 3 卡在外壳 1 内底面预留的卡扣位置上,保持中心插杆 11 指向中心体 2 中心。

[0025] 在完整的鞭杆模型教具中,显示了鞭杆的基本结构和作用原理。鞭杆的横切面呈"9+2"型,即中心有一对包在中央鞘(半环圈 5)中的相互平行的中央微管(中心管 4),其外被 9 个微管二联体(组合体 3)围绕一圈,整个微管由鞭毛外膜包裹。每条微管二联体(组合体 3)由 A、B 两条中空的亚纤维(第一管 7 和第二管 8)组成,其中 A 亚纤维(第一管 7)是一完全微管,即每圈由 13 个球形微管蛋白亚基环绕而成,而 B 亚纤维(第二管 8)由 10 个亚基围成,所缺的 3 个亚基与 A 亚纤维共用。A 亚纤维(第一管 7)上伸出内外两条动力蛋白臂(外插杆 9 和内插杆 10),它是一种能被钙离子和镁离子激活的 ATP 合酶,可水解 ATP 以释放供鞭毛运动的能量。通过动力蛋白臂(外插杆 9 和内插杆 10)与相邻的微管二联体的作用,可以使鞭毛做弯曲运动。此外,在每条微管二联体(组合体 3)上还有伸向中央微管的放射辐条(中心插杆 11)。

[0026] 三维立体结构的模型教具能够使观察者清楚地了解鞭杆内部的外观、结构及工作原理,更适用于教学讲解,而拆装结构更有利于使用者加深对鞭杆内部构造的认知和记忆,并且有利于包装运输,节省包装运输的空间和成本。

一种拆装式白色假丝酵母模型教具

发明号： ZL 2013 2 0338590.X

发明人： 朱越雄　赵英伟　王蕾　李蒙英　吴康　曹广力

摘　要： 本实用新型公开了一种拆装式白色假丝酵母模型教具，其包括至少 2 个底部设置有插杆的圆柱形的本体、第一连接体、第二连接体、第三连接体，所述本体顶部设置有至少 3 个插口，所述第一连接体为一底部设置有插杆的圆球，所述第二连接体为一底部设置有插杆、顶部设置有卡口的圆柱体，所述第三连接体为一外表面包裹有一半球壳、底部设置有连接杆的圆球，所述插杆与所述插口相配合，所述连接杆与所述卡口、插口相配合。本实用新型结构简单，使用拆装结构更能生动形象地表现白色假丝酵母的结构特征。

权利要求书：

一种拆装式白色假丝酵母模型教具，其特征在于：其包括至少 2 个底部设置有插杆的圆柱形的本体、第一连接体、第二连接体、第三连接体，所述本体顶部设置有至少 3 个插口，所述第一连接体为一底部设置有插杆的圆球，所述第二连接体为一底部设置有插杆、顶部设置有卡口的圆柱体，所述第三连接体为一外表面包裹有一半球壳、底部设置有连接杆的圆球，所述插杆与所述插口相配合，所述连接杆与所述卡口、插口相配合。

说明书：

技术领域

［0001］本实用新型涉及教学用具领域，尤其涉及白色假丝酵母模型教具。

背景技术

［0002］白色假丝酵母是酵母科假丝酵母属的一种真菌。在假丝酵母属中 80%～90% 病原体为白色假丝酵母菌，此菌正常情况下呈卵圆形，白色假丝酵母菌与机体处于共生状态，不会引起疾病。当某些因素破坏这种平衡状态时，白色假丝酵母菌由酵母相转为菌丝相，在局部大量生长繁殖，引起皮肤、黏膜甚至全身性的假丝酵母菌病。机体的正常防御功能受损会导致内源性感染，如创伤、抗生素应用及细胞毒药物的使用会导致菌群失调或黏膜屏障功能改变、营养失调、免疫功能缺陷等。白色假丝酵母菌为双

相菌，正常情况下一般为酵母相，致病时转化为菌丝相。因此在细胞涂片或组织切片中发现假菌丝是白色假丝酵母菌感染的重要证据。

[0003] 在教学领域中，一般都采用图片或者电子显微镜观察实验教学，但是这两个方式都不能很好地体现白色假丝酵母的结构，因此，需要一种新的辅助教学的工具。

发明内容

[0004] 本实用新型的目的是提供一种结构简单、拆装式的白色假丝酵母模型教具。

[0005] 为达到上述目的，本实用新型采用的技术方案是：一种拆装式白色假丝酵母模型教具，其包括至少2个底部设置有插杆的圆柱形的本体、第一连接体、第二连接体、第三连接体，所述本体顶部设置有至少3个插口，所述第一连接体为一底部设置有插杆的圆球，所述第二连接体为一底部设置有插杆、顶部设置有卡口的圆柱体，所述第三连接体为一外表面包裹有一半球壳、底部设置有连接杆的圆球，所述插杆与所述插口相配合，所述连接杆与所述卡口、插口相配合。

[0006] 上述技术方案中，由多个本体依次插合连接成串，第一连接体、第二连接体、第三连接体插合在本体上，在第二连接体的顶部还连接有第三连接体，在顶部的本体的顶端连接有第三连接体。

[0007] 白色假丝酵母是单细胞真菌。菌形为圆形或卵圆形，革兰染色阳性。以出芽繁殖，称芽生孢子。孢子伸长成芽管，不与母体脱离，形成较长的假菌丝。白色假丝酵母在普通的琼脂、血琼脂与沙保培养基上均生长良好，菌落呈类酵母型；在玉米粉培养基上可长出厚壁孢子。白色假丝酵母菌的假菌丝和厚壁孢子有助于鉴定。

[0008] 上述技术方案中，本体、第二连接体代表假菌丝，第一连接体代表芽孢子，第三连接体代表厚壁孢子。

[0009] 由于上述技术方案的运用，本实用新型与现有技术相比具有下列优点：

[0010] 本实用新型为拆装结构，结构简单、使用方便，不仅能体现白色假丝酵母的结构形态，还能提高操作者的动手能力，加深操作者对白色假丝酵母结构的记忆。

说明书附图

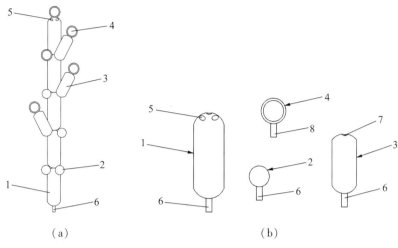

（a）　　　　　　　　　　　　　　（b）

图 1.22

附图说明

[0011] 图 1.22（a）为本实用新型示意图。

[0012] 图 1.22（b）为本实用新型拆分图。

[0013] 其中：1. 本体；2. 第一连接体；3. 第二连接体；4. 第三连接体；5. 插口；6. 插杆；7. 卡口；8. 连接杆。

具体实施方式

[0014] 下面结合附图及实施例对本实用新型作进一步描述：

[0015] 实施例一：

[0016] 如图 1.22 所示，一种拆装式白色假丝酵母模型教具，其包括 5 个底部设置有插杆 6 的圆柱形的本体 1、第一连接体 2、第二连接体 3、第三连接体 4，本体顶部设置四个插口 5，第一连接体 2 为一底部设置有插杆 6 的圆球，第二连接体 3 为一底部设置有插杆 6、顶部设置有卡口 7 的圆柱体，第三连接体 4 为一外表面包裹有一半球壳、底部设置有连接杆 8 的圆球，插杆 6 与插口 5 相配合，连接杆 8 与所述卡口 7、插口 5 相配合。

[0017] 5 个本体依次插合连接成串，在底部的本体 1 顶部插三个第一连接体 2，在第二个本体 1 顶部插两个第一连接体 2、一个第二连接体 3，在第三个本体 1 顶部插两个第一连接体 2、一个第二连接体 3，在第四个本体 1 顶部设置有一个第二连接体 3、一个第三连接体 4，在顶端的本体 1 顶部插一个第三连接体 4。

[0018] 本实施例中，各部件之间的组合都采用拆装式，并且插口5与插杆6配合设置，可以形成不同的组合方案。

一种根霉模型教具

专利号： ZL 2012 2 0452117.X

发明人： 朱越雄　曹广力

摘　要： 本实用新型公开了一种根霉模型教具，其特征在于——其包括连接部、设置在所述连接部下方的支撑脚、设置在所述连接部上的立杆，所述连接部为椭圆形球体，所述支撑脚下端设有分叉，所述支撑脚和所述立杆通过插槽卡接在所述连接部上，设置有至少3根所述立杆，其中至少1根所述立杆顶端设置有锥尖向上的锥体，所述锥体表面设有多个凸点，其余立杆顶端设置有球体。本实用新型能够使观察者清楚地了解根霉的外观及结构，还能够节省运输空间，降低运输成本。

权利要求书

1. 一种根霉模型教具，其特征在于：其包括连接部、设置在所述连接部下方的支撑脚、设置在所述连接部上的立杆，所述连接部为椭圆形球体，所述支撑脚下端设有分叉，所述支撑脚和所述立杆通过插槽卡接在所述连接部上，设置有至少3根所述立杆，其中至少1根所述立杆顶端设置有锥尖向上的锥体，所述锥体表面设有多个凸点，其余立杆顶端设置有球体。

2. 根据权利要求1所述的一种根霉模型教具，其特征在于：所述连接部侧边还设置有连接杆，两个所述连接部通过所述连接杆连接。

3. 根据权利要求1所述的一种根霉模型教具，其特征在于：所述支撑脚设置有3个。

4. 根据权利要求1所述的一种根霉模型教具，其特征在于：所述立杆、所述连接杆采用弹性材料制作。

说明书：

技术领域

[0001] 本实用新型涉及一种模型教具，尤其涉及根霉模型教具。

背景技术

[0002] 根霉在自然界分布很广，用途广泛，其淀粉酶活性很强，是酿造工业中常用的糖化菌。我国最早利用根霉糖化淀粉生产酒精。根霉能生

产延胡索酸、乳酸等有机酸，还能产生芳香性的酯类物质。根霉亦是转化甾族化合物的重要菌类。在学习研究的过程中，需要用电子显微镜进行观察，对于根霉的形状、结构等进行了解。

[0003]　在现有技术中，微生物教学中的教具基本上都是固定的演示模型，教师在讲台上指着模型的各个部分讲课，学生缺乏直观的认识，对各部分的组成和关系也难以记忆。

[0004]　因此需要一种能够拆装的三维立体模型，能够使学生在学习的时候自行拆装组合，在组合过程中了解微生物的结构形态。

发明内容

[0005]　本实用新型的目的是提供一种结构简单、携带方便又能够良好展现根霉结构的模型教具。

[0006]　为达到上述目的，本实用新型采用的技术方案是：一种根霉模型教具，其包括连接部、设置在所述连接部下方的支撑脚、设置在所述连接部上的立杆，所述连接部为椭圆形球体，所述支撑脚下端设有分叉，所述支撑脚和所述立杆通过插槽卡接在所述连接部上，设置有至少 3 根所述立杆，其中至少 1 根所述立杆顶端设置有锥尖向上的锥体，所述锥体表面设有多个凸点，其余立杆顶端设置有球体。

[0007]　优选的技术方案，所述连接部侧边还设置有连接杆，2 个所述连接部通过所述连接杆连接。

[0008]　优选的技术方案，所述支撑脚设置有 3 个。

[0009]　优选的技术方案，所述立杆、所述连接杆采用弹性材料制作。

[0010]　上述技术方案中，所述连接部代表根霉的假根和匍匐枝交界处膨大的地方，所述立杆代表根霉的孢囊梗，所述支撑脚代表根霉的假根，所述球体代表根霉的孢子囊，所述锥体代表根霉孢子囊内的囊轴与囊托，所述凸点代表孢子，所述连接杆代表根霉的匍匐枝。利用所述连接杆可以连接两个连接部，即可以连接 2 个所述根霉模型教具。

[0011]　由于上述技术方案的运用，本实用新型与现有技术相比具有下列优点：

[0012]　1. 由于本实用新型是个三维立体模型，能使使用者更容易了解根霉的结构和工作原理，更适用于教学。

[0013]　2. 由于本实用新型采用拆装结构，不仅能够节省运输空间，降低运输成本，还能够提高使用者的动手能力，加深记忆，从而更加深入了

解根霉的构造及工作原理。

说明书附图

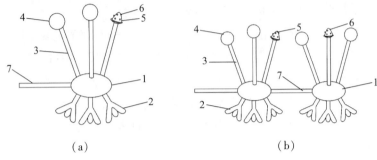

（a）　　　　　　　　　　（b）

图 1.23

附图说明

[0014] 图1.23（a）为本实用新型实施例的立体图。

[0015] 图1.23（b）为组合图。

[0016] 其中：1. 连接部；2. 支撑脚；3. 立杆；4. 球体；5. 锥体；6. 凸点；7. 连接杆。

具体实施方式

[0017] 下面结合附图所示的实施例对本实用新型作进一步描述：

[0018] 实施例一：

[0019] 如图1.23所示，一种根霉模型教具，其包括连接部1、设置在连接部下方的支撑脚2、设置在连接部1上的立杆3，连接部1为椭圆形球体，支撑脚2下端设有分叉，支持脚2和立杆3通过插槽设置在连接部1上，立杆3设置有3根，2根立杆3顶端设置有球体4，1根立杆3顶端设置有锥尖向上的锥体5，锥体5表面设有多个凸点6。

[0020] 连接部侧边还设置有连接杆7，两个连接部1通过连接杆7连接。支撑脚2设置有3个。立杆3、连接杆7采用弹性材料制作。锥体底部可用不同颜色来区分代表囊轴、囊托。

[0021] 根霉模型教具组装方式：将支撑脚2、立杆3通过卡扣安装在连接部1相应位置上，再将球体4、锥体5通过卡扣安装在立杆3的顶端，最后将连接杆7安装在连接部1侧面，通过连接杆7可以使多个模型组合安装。

[0022] 在完整的根霉模型教具中，显示了根霉的基本结构和作用原理，在基质表面横生的菌丝叫匍匐菌丝（连接杆7），匍匐菌丝膨大的地方

（连接部1）向下生出假根（支撑脚2），伸入基质中以吸取营养；向上生出数条直立的孢囊梗（立杆3），其顶端膨大形成孢子囊（球体4），囊的中央有一半球形的囊轴（锥体5），囊轴（锥体5）基部有稍膨大的囊托。孢子囊（球体4）形成具多核的孢囊孢子。孢子囊（球体）成熟后破裂，黑色的孢子（凸点6）散出落于基质上，在适宜的条件下，即可萌发成新的菌丝体。

［0023］三维立体结构的模型教具能够使观察者清楚地了解根霉的外观、结构及工作原理，更适用于教学讲解，而拆装结构更有利于使用者加深对根霉构造的认知和记忆，并且有利于包装运输，节省包装运输的空间和成本。

学习用组装式青霉教具

专利号： ZL 2012 2 0189513.8

发明人： 朱越雄　曹广力

摘　要： 本实用新型公开了一种学习用组装式青霉教具，其特征在于：包括一柱形基座、至少4个第一连接件、至少12个第二连接件、个数大于第二连接件的珠状体、与第二连接件个数相等的封端件；所述柱形基座上端开设有1个或多个与第一连接件下端配合的第一卡孔，每个第一连接件上端开设有1个或多个与第二连接件下端配合的第二卡孔，每个第二连接件上端设有连接杆，所述珠状体设有与连接杆直径配合的通孔，所述封端件上设有与连接杆端部配合的凹槽；各组件间为可拆卸式连接。本实用新型可以让学生动手组装，通过手脑并用达到提高记忆的效果；组装完成后同时也可以作为演示教具使用，一物多用。

权利要求书：

1. 一种学习用组装式青霉教具，其特征在于：包括一柱形基座、至少4个第一连接件、至少12个第二连接件、个数大于第二连接件的珠状体、与第二连接件个数相等的封端件；所述柱形基座上端开设有一个或多个与第一连接件下端配合的第一卡孔，每个第一连接件上端开设有一个或多个与第二连接件下端配合的第二卡孔，每个第二连接件上端设有连接杆，所述珠状体设有与连接杆直径配合的通孔，所述封端件上设有与连接杆端部配合的凹槽；第一连接件下端经第一卡孔与柱状基座可拆式固定连接，第二连接件下端经第二卡孔与第一连接件上端可拆式固定连接，所述珠状体分别穿设在各第二连接件的连接杆上，连接杆端部与封端件卡合固定。

2. 根据权利要求 1 所述的一种学习用组装式青霉教具，其特征在于：所述封端件与所述珠状体外形相同。

3. 根据权利要求 2 所述的一种学习用组装式青霉教具，其特征在于：所述封端件与所述珠状体为球形或多面体。

说明书：

技术领域

[0001] 本实用新型涉及一种教学用具，具体涉及一种在微生物教学中使用的组装式青霉教具。

背景技术

[0002] 在微生物教学中，涉及的气生菌丝体具有特定的结构形态，学生的记忆掌握有一定的难度。例如，青霉的子实体结构包括分生孢子梗，在分子孢子梗上生长有梗基，梗基上有小梗，小梗上长有分生孢子。

[0003] 现有技术中，在微生物教学中的教具基本上都是固定的演示模型，老师在讲台上指着模型的各个部分讲课，学生缺乏直观的认识，对各部分的组成和关系也难以记忆。

[0004] 因此，如果能提供一种组装式的教具，供学生在学习过程中自行组装，将使学生在组装过程中，通过动手、动脑，更好地理解和记忆相应微生物的结构形态。

发明内容

[0005] 本实用新型的发明目的是提供一种学习用组装式青霉教具，通过结构设计，实现可组装的教具结构。

[0006] 为达到上述发明目的，本实用新型采用的技术方案是：一种学习用组装式青霉教具，包括一柱形基座、至少 4 个第一连接件、至少 12 个第二连接件、个数大于第二连接件的珠状体、与第二连接件个数相等的封端件；所述柱形基座上端开设有 1 个或多个与第一连接件下端配合的第一卡孔，每个第一连接件上端开设有 1 个或多个与第二连接件下端配合的第二卡孔，每个第二连接件上端设有连接杆，所述珠状体设有与连接杆直径配合的通孔，所述封端件上设有与连接杆端部配合的凹槽；第一连接件下端经第一卡孔与柱状基座可拆式固定连接，第二连接件下端经第二卡孔与第一连接件上端可拆式固定连接，所述珠状体分别穿设在各第二连接件的连接

杆上，连接杆端部与封端件卡合固定。

[0007] 上述技术方案中，柱形基座代表青霉的分生孢子梗，第一连接件代表青霉的梗基，第二连接件的中部代表青霉的小梗，珠状体代表青霉的孢子。封端件可以有两种形式：一种是封端件做得较小，仅用于对珠状体进行限位，由于封端件的凹槽与连接杆的端部间可以做成紧配合，在安装后可避免珠状体脱落；另一种是封端件做成和珠状体外形一致，代表一个孢子，同时也起到避免珠状体脱落的作用。

[0008] 进一步的技术方案，所述封端件与所述珠状体外形相同。

[0009] 上述技术方案中，所述封端件与所述珠状体为球形或多面体，用以代表不同形状的孢子。

[0010] 由于上述技术方案的运用，本实用新型与现有技术相比具有下列优点：

[0011] 1. 本实用新型通过设置第一卡孔、第二卡孔和连接杆，使得代表分生孢子梗、梗基、小梗和分生孢子的各组件间可以组装和拆卸，从而可以让学生动手组装，通过手脑并用提高记忆效果。

[0012] 2. 本实用新型通过设置封端件，使组装后的孢子不会脱落，组装完成后同时也可以作为演示教具使用，一物多用。

[0013] 3. 封端件可以做成和珠状体相同的外形，代表一个分生孢子，整体上与青霉结构更为一致。

说明书附图

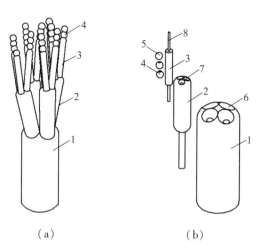

（a）　　　　　　　（b）

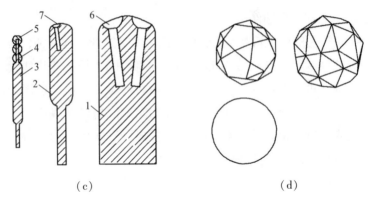

（c）   （d）

图 1.24

附图说明

[0014] 图 1.24（a）是本实用新型实施例一的立体结构示意图。

[0015] 图 1.24（b）是实施例一的分解示意图。

[0016] 图 1.24（c）是实施例一的各组件剖视示意图。

[0017] 图 1.24（d）是实施例一中的珠状体外形示意图。

[0018] 其中：1. 柱形基座；2. 第一连接件；3. 第二连接件；4. 珠状体；5. 封端件；6. 第一卡孔；7. 第二卡孔；8. 连接杆。

具体实施方式

[0019] 下面结合附图及实施例对本实用新型作进一步描述：

[0020] 实施例一：

[0021] 如图 1.24（a）和（b）所示，一种学习用组装式青霉教具，包括一柱形基座 1、4 个第一连接件 2、至少 12 个第二连接件 3、数 10 个珠状体 4，与第二连接件个数相等的封端件 5；所述柱形基座 1 上端开设有 4 个与第一连接件下端配合的第一卡孔 6，每个第一连接件 2 上端开设有 1 个或多个与第二连接件下端配合的第二卡孔 7，每个第二连接件 3 上端设有连接杆 8，所述珠状体 4 设有与连接杆 8 直径配合的通孔，所述封端件 5 上设有与连接杆端部配合的凹槽；第一连接件下端经第一卡孔与柱状基座可拆式固定连接，第二连接件下端经第二卡孔与第一连接件上端可拆式固定连接，所述珠状体分别穿设在各第二连接件的连接杆上，连接杆端部与封端件卡合固定。

[0022] 本实施例中，所述封端件与所述珠状体外形相同，使得组装后的教具端部为分生孢子形状。

［0023］如 1.23（d）所示，本实施例中的封端件与珠状体的外形为球形或多面体。

［0024］本实施例中，柱形基座代表青霉的分生孢子梗，第一连接件代表青霉的梗基，第二连接件的中部代表青霉的小梗，珠状体和封端件代表青霉的分生孢子。由此，学生可将其组装成形，也可以再拆卸，从而在使用过程中手脑并用，加深理解和记忆。

［0025］各组件可以采用塑料注塑成形，其中的第二连接件的连接杆也可以采用金属件，由金属件与注塑的第二连接件的本体固定连接构成，金属条有一定柔性，可以弯折，从而更形象地体现分生孢子的连接形状。

免疫球蛋白 IgG 模型教具

专利号： ZL 2012 2 0451968. 2

发明人： 朱越雄　曹广力

摘　要： 本实用新型公开了一种免疫球蛋白 IgG 模型教具，其特征在于：包括两组对称设置的分支，所述分支又包括第一侧支与第二侧支，所述第一侧支为一长方体，所述第二侧支包括长方体的上侧支、下侧支，所述第一侧支与所述上侧支大小形状相同，宽面相对且镜像设置；所述上侧支底部通过中心连接杆与所述下侧支顶部连接，所述第一侧支通过上连接杆与所述上侧支连接，所述两组分支通过下连接杆连接。本实用新型能够使观察者清楚地了解免疫球蛋白 IgG 的外观及结构，还能够节省运输空间，降低运输成本。

权利要求书：

1. 一种免疫球蛋白 IgG 模型教具，其特征在于：包括两组对称设置的分支，所述分支又包括第一侧支与第二侧支，所述第一侧支为一长方体，所述第二侧支包括长方体的上侧支、下侧支，所述第一侧支与所述上侧支大小形状相同，宽面相对且镜像设置；所述上侧支底部通过中心连接杆与所述下侧支顶部连接，所述第一侧支通过上连接杆与所述上侧支连接，所述两组分支通过下连接杆连接。

2. 根据权利要求 1 所述的免疫球蛋白 IgG 模型教具，所述上连接杆设置在所述第一侧支下部，所述下连接杆设置在所述下侧支上部。

3. 根据权利要求 1 所述的免疫球蛋白 IgG 模型教具，所述下侧支外侧面上部设有一个凸起。

4. 根据权利要求 1 所述的免疫球蛋白 IgG 模型教具，所述中心连接杆、上连接杆各有四根，所述下连接杆有两根。

5. 根据权利要求 1 所述的免疫球蛋白 IgG 模型教具，所述中心连接杆为弹性连接杆。

说明书：

技术领域

［0001］本实用新型涉及一种模型教具，尤其涉及免疫球蛋白 IgG 模型教具。

背景技术

［0002］免疫球蛋白分子具有结合抗原和刺激抗体生成的双重功能。首先，它能与抗原结合，产生多种生物效应，包括：① 与病原微生物或其分泌的毒素结合，产生抗感染免疫；② 活化体液的一类正常组分，即补体分子，起到杀伤病原体或靶细胞的作用；③ 加强吞噬细胞等免疫细胞的吞噬或杀伤效应；④ 与组织中的肥大细胞或嗜碱性粒细胞结合，产生过敏反应；⑤ 封闭移植的脏器，增强对它的保护，减缓排斥；⑥ 封闭肿瘤细胞，降低免疫保护。免疫球蛋白还能穿过胎盘输送给胎儿。此外，由于 Ig 分子由糖蛋白组成，所以除了上述抗体活性外，还有抗原性，可活化自身免疫细胞，使之产生针对抗体的抗体——抗独特型抗体（Id 抗体），从而形成自身调节的功能。

［0003］IgG 是生物体液内主要的 Ig，约占血液中 Ig 总量的 70%~75%。由于 IgG 能通过胎盘，所以新生儿从母体获得的 IgG 在抵抗感染方面起重要作用。婴儿出生后 2~4 周开始合成 IgG，8 岁以后血清中 IgG 可达到成人水平。由于 IgG 较其他类 Ig 更易扩散到血管外的间隙内，因而在结合补体、增强免疫细胞吞噬病原微生物和中和细菌毒素的能力方面，具有重要作用，能有效地抗感染，这是对人体有利的一面。但某些自身免疫病，如自身免疫性溶血性贫血、血小板减少性紫癜、红斑狼疮及类风湿等疾病中的自身抗体都是 IgG。一旦它与相应的自身细胞结合，反而加强了组织损伤作用。

［0004］因此，研究免疫球蛋白 IgG 甚为重要。然而在研究领域特别是教学领域只靠图示讲解或者是研究书上的理论知识是明显不够的，无法清楚地分析免疫球蛋白 IgG 的形态与结构，以及各组成部分之间的关系。

发明内容

［0005］本实用新型的目的是提供一种结构简单、携带方便又能够良好展现免疫球蛋白 IgG 结构的免疫球蛋白 IgG 模型教具。

［0006］为达到上述目的，本实用新型采用的技术方案是：免疫球蛋白 IgG 模型教具，包括两组对称设置的分支，所述分支又包括第一侧支与第二侧支，所述第一侧支为一长方体，所述第二侧支包括长方体的上侧支、下侧支，所述第一侧支与所述上侧支大小形状相同，宽面相对且镜像设置；所述上侧支底部通过中心连接杆与所述下侧支顶部连接，所述第一侧支通过上连接杆与所述上侧支连接，所述两组分支通过下连接杆连接。

［0007］优选的技术方案，所述上连接杆设置在所述第一侧支下部，所述下连接杆设置在所述下侧支上部。

［0008］优选的技术方案，所述下侧支外侧面上部设有一凸起。

［0009］优选的技术方案，所述中心连接杆、上连接杆各有四根，所述中心连接杆、上连接杆在每组分支上各有两根，所述下连接杆有两根。

［0010］优选的技术方案，所述中心连接杆为弹性材料制作，富有弹性，可以使所述分支自由曲折。

［0011］由于上述技术方案的运用，本实用新型与现有技术相比具有下列优点：

［0012］1. 本实用新型是一个三维立体模型，能让使用者更容易了解免疫球蛋白 IgG 的结构和工作原理，更适用于教学。

［0013］2. 本实用新型采用拆装结构，不仅能够节省运输空间，降低运输成本，还能够提高使用者的动手能力，加深记忆，更加深入了解免疫球蛋白 IgG 的构造及工作原理。

说明书附图

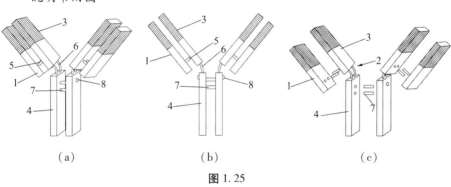

(a)　　　　　　　(b)　　　　　　　(c)

图 1.25

附图说明

[0014] 图 1.25（a）为本实用新型实施例的主视图。

[0015] 图 1.25（b）为立体图。

[0016] 图 1.25（c）为拆分图。

[0017] 其中：1. 第一侧支；2. 第二侧支；3. 上侧支；4. 下侧支；5. 上连接杆；6. 中心连接杆；7. 下连接杆；8. 凸起。

具体实施方式

[0018] 下面结合附图所示的实施例对本实用新型作进一步描述：

[0019] 实施例一：

[0020] 如图 1.25 中的（a）和（b）所示，免疫球蛋白 IgG 模型教具，包括两组对称设置的分支，分支又包括第一侧支 1 与第二侧支 2，第一侧支 1 为一长方体，第二侧支 2 包括长方体的上侧支 3、下侧支 4，第一侧支 1 与上侧支 3 大小形状相同，宽面相对且镜像设置；上侧支 3 底部通过中心连接杆 6 与下侧支 4 顶部连接，第一侧支 1 通过上连接杆 5 与上侧支 3 连接，两组分支通过下连接杆 7 连接。

[0021] 上连接杆 5 设置在第一侧支 1 下部，下连接杆 7 设置在下侧支 4 上部。下侧支 4 外侧面上部设有一个凸起 8。中心连接杆 6、上连接杆 5 各有四根，中心连接杆 6、上连接杆 5 在每组分支上各有两根，下连接杆 7 有两根。中心连接杆 6 为弹性材料制作。可以利用不同颜色分割第一侧支 1 和上侧支 3，使第一侧支 1 和上侧支 3 的上下部颜色不同来代表不同区域。

[0022] 在完整的免疫球蛋白 IgG 模型教具中，显示了免疫球蛋白 IgG 的基本结构和作用原理，免疫球蛋白 IgG 是由一长一短的两对多肽链对称排列而成的一个 Y 形分子。近对称轴的一对较长的肽链为重链（第二侧支 2），外侧一对较短的肽链为轻链（第一侧支 1）。占重链（第二侧支 2）1/4 或者轻链（第一侧支 1）1/2 长度的一段区域，称为可变区或者 V 区，因为这一区域内的氨基酸序列是可变的；占重链（第二侧支 2）3/4 或者轻链（第一侧支 1）1/2 长度的一段区域，称为恒定区或者 C 区，这一区域内的氨基酸序列是恒定的。轻、重链间由二硫键（上连接杆 5）相连接，重、重链间由二硫键（下连接杆 7）相连接。在重链的居中处有铰链区（中心连接杆 6），该处含有较多的脯氨酸，故有弹性。重链（第二侧支 2）上还有补体结合点（凸起 8）的部位。本实施例的结构可自由拆分，如图 1.25（c）所示。

[0023] 免疫球蛋白 IgG 模型教具使用方法：① 将上侧支 3 用中心连接

杆 6 连接下侧支 4，形成重链；将第一侧支 1 用上连接杆 5 连接到上侧支 3 上，表示轻链与重链连接；将两个下侧支 4 用下连接杆 7 连接，表示重链之间相连接，这样就完成了一个免疫球蛋白 IgG 的组装。② 木瓜蛋白酶的酶解演示，将组装好的 IgG 的中心连接杆 6 拆除，形成三个部件，两组含有第一侧支 1 的部件代表两个相同的抗原结合片段，含有下侧支 4 的部件代表一个可结晶片段。③ 胃蛋白酶的酶解演示，下侧支 4 的中间往上部分代表由两个二硫键连接的抗原结合片段双体，故称 F（ab′）2，下侧支 4 中间往下的部分，代表着与可结晶片段相似但分子长度略短的重链片段。④ 巯基试剂的分解演示，拆除下连接杆 7 代表当 IgG 在 pH 2.5 的酸性条件下用巯基乙醇处理后，可使两重链间的二硫键还原，于是 IgG 就分解成两个对称的分子，再将所有上连接杆 5 拆除，形成两个第一侧支 1 与两个第二侧支 2，代表着进一步再加尿素或者氯酸胍等处理，则此半分子又可进一步分解为一重链与一轻链，同时也就丧失了与抗原结合的能力。

[0024] 三维立体结构的模型教具能够使观察者清楚地了解免疫球蛋白 IgG 的外观、结构及工作原理，更适用于教学讲解，而拆装结构更有利于使用者加深对免疫球蛋白 IgG 构造的认知和记忆，并且有利于包装运输，节省包装运输的空间和成本。

免疫球蛋白的 J 链和分泌片结构模型教具

专利号：ZL 2015 2 0364104.0
发明人：赵英伟　牛华　朱越雄
摘　要：本实用新型公开了免疫球蛋白的 J 链和分泌片结构模型教具，包括本体，本体包括两组对称设置的分支，分支又包括第一侧支与第二侧支，第一侧支为一长方体，第二侧支包括长方体的上侧支、下侧支，第一侧支与上侧支大小形状相同，宽面相对且镜像设置；上侧支底部通过中心连接杆与下侧支顶部连接，第一侧支通过上连接杆与上侧支连接，两组分支通过下连接杆连接，本体镜像设置有两个，两个本体间连接有第一连接件与第二连接件，第一连接件为"几"形连接件，第二连接件为一穿设有两颗圆珠的连接杆，两个本体外包覆有螺旋状的螺旋体，螺旋体上均匀设置有串珠。由于本实用新型是一个三维立体模型，能让使用者更容易了解免疫球蛋白的 J 链和分泌片的结构和工作原理，更适用于教学。

权利要求书：

1. 一种免疫球蛋白的 J 链和分泌片结构模型教具，包括本体，所述本体包括两组对称设置的分支，所述分支又包括第一侧支与第二侧支，所述第一侧支为一长方体，所述第二侧支包括长方体的上侧支、下侧支，所述第一侧支与所述上侧支大小形状相同，宽面相对且镜像设置；所述上侧支底部通过中心连接杆与所述下侧支顶部连接，所述第一侧支通过上连接杆与所述上侧支连接，所述两组分支通过下连接杆连接，其特征在于：所述本体镜像设置有两个，所述两个本体间连接有第一连接件与第二连接件，所述第一连接件为"几"形连接件，所述第二连接件为一串设有两颗圆珠的连接杆，所述两个本体外包覆有螺旋状的螺旋体，所述螺旋体上均匀设置有串珠。

2. 根据权利要求 1 所述的免疫球蛋白的 J 链和分泌片结构模型教具，其特征在于：所述第一连接件底部设置有第三连接件，所述第三连接件为一串设有两颗圆珠的连接杆。

3. 根据权利要求 1 所述的免疫球蛋白的 J 链和分泌片结构模型教具，其特征在于：所述串珠上开设有卡槽，所述卡槽与所述螺旋体的外径相配合。

说明书：

技术领域

［0001］本实用新型涉及教学用具领域，尤其涉及免疫球蛋白的 J 链和分泌片结构模型教具。

背景技术

［0002］J 链是一富含半胱氨酸的多肽链，由浆细胞合成，主要功能是将单体 Ig 分子连接为二聚体或多聚体。2 个 IgA 单体由 J 链连接形成二聚体，5 个 IgM 单体由二硫键相互连接，并通过二硫键与 J 链连接形成五聚体。IgG、IgD 和 IgE 常为单体，无 J 链。

［0003］分泌片（Secretory Piece，SP）又称为分泌成分（Secretory Component，SC），是分泌型 IgA 分子上的一个辅助成分，为一种含糖的肽链，由黏膜上皮细胞合成和分泌，并结合于 IgA 二聚体上，使其成为分泌型 IgA，并一起被分泌到黏膜表面。分泌片具有保护分泌型 IgA 的铰链区免受蛋白水解酶降解的作用，并介导 IgA 二聚体从黏膜下通过黏膜等细胞转运到黏膜表面。

［0004］IgA 有血清型和分泌型两型。血清型为单体，主要存在于血清中，仅占血清免疫球蛋白总量的 10% ~ 15%。分泌型向（Secretory IgA，SIgA）为二聚体，由 J 链连接，含上皮细胞合成的 SP，经上皮细胞分泌至外分泌液中。SIgA 合成和分泌的部位在肠道、呼吸道、乳腺、唾液腺和泪腺，因此主要存在于胃肠道和支气管分泌液、初乳、唾液和泪液中。SIgA 是外分泌液中的主要抗体类别，参与黏膜局部免疫，通过与相应病原微生物（细菌和病毒）结合，阻止病原体黏附到细胞表面，从而在局部抗感染中发挥重要作用，是机体抗感染的"边防军"。SIgA 在黏膜表面也有中和毒素的作用。新生儿易患呼吸道、胃肠道感染可能与 IgA 合成不足有关。婴儿可从母亲初乳中获得 SIgA，为一重要的自然被动免疫。

［0005］在免疫学中，免疫球蛋白的 J 链和分泌片是较为重要的一部分。在教学领域一般用示意图来展示免疫球蛋白的 J 链和分泌片的结构，但平面的图片不能够很好地分析其结构，所以需要一个三维的模型进行辅助讲解。

发明内容

［0006］本实用新型的目的是提供一种三维可拆装式的并且能够灵活展现免疫球蛋白的 J 链和分泌片结构的模型教具。

［0007］为达到上述目的，本实用新型采用的技术方案是：免疫球蛋白的 J 链和分泌片结构模型教具，包括本体，所述本体包括两组对称设置的分支，所述分支又包括第一侧支与第二侧支，所述第一侧支为一长方体，所述第二侧支包括长方体的上侧支、下侧支，所述第一侧支与所述上侧支大小形状相同，宽面相对且镜像设置；所述上侧支底部通过中心连接杆与所述下侧支顶部连接，所述第一侧支通过上连接杆与所述上侧支连接，所述两组分支通过下连接杆连接，所述本体镜像设置有两个，所述两个本体间连接有第一连接件与第二连接件，所述第一连接件为"几"形连接件，所述第二连接件为一串设有两颗圆珠的连接杆，所述两个本体外包覆有螺旋状的螺旋体，所述螺旋体上均匀设置有串珠。

［0008］优选的技术方案，所述第一连接件底部设置有第三连接件，所述第三连接件为一串设有两颗圆珠的连接杆。

［0009］优选的技术方案，所述串珠上开设有卡槽，所述卡槽与所述螺旋体的外径相配合。

［0010］由于上述技术方案的运用，本实用新型与现有技术相比具有下列优点：

[0011] 1. 由于本实用新型是一个三维立体模型，能让使用者更容易了解免疫球蛋白的J链和分泌片的结构和工作原理，更适用于教学。

[0012] 2. 由于本实用新型采用拆装结构，不仅能够节省运输空间，降低运输成本，还能够锻炼使用者的动手能力，加深记忆，更加深入了解免疫球蛋白的J链和分泌片的构造及工作原理。

说明书附图

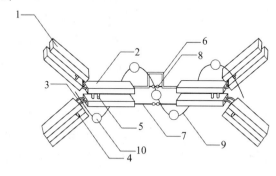

图1.26

附图说明

[0013] 图1.26为本实用新型结构示意图。

[0014] 其中：1. 第一侧支；2. 第二侧支；3. 中心连接杆；4. 上连接杆；5. 下连接杆；6. 第一连接件；7. 第二连接件；8. 第三连接件；9. 螺旋体；10. 串珠。

具体实施方式

[0015] 下面结合附图及实施例对本实用新型作进一步描述：

[0016] 实施例一：

[0017] 如图1.26所示，免疫球蛋白的J链和分泌片结构模型教具，包括本体，本体包括两组对称设置的分支，分支又包括第一侧支1与第二侧支2，第一侧支1为一长方体，第二侧支2包括长方体的上侧支、下侧支，第一侧支1与上侧支大小形状相同，宽面相对且镜像设置，上侧支底部通过中心连接杆3与下侧支顶部连接，第一侧支1通过上连接杆4与上侧支连接，两组分支通过下连接杆5连接；本体镜像设置有两个，两个本体间连接有第一连接件6与第二连接件7，第一连接件6为"几"形连接件，第二连接件7为一串设有两颗圆珠的连接杆，两个本体外包覆有螺旋状的螺旋体9，螺旋体9上均匀设置有串珠10。

［0018］第一连接件 6 底部设置有第三连接件 8，第三连接件 8 为一串设有两颗圆珠的连接杆。

［0019］串珠 10 上开设有卡槽，卡槽与螺旋体 9 的外径相配合。

［0020］分泌型 IgA 二聚体由 J 链将其单体 Ig 分子连接为二聚体。分泌片为一含糖肽链，是多聚免疫球蛋白受体的胞外段，其作用是辅助 SIgA 经由黏膜上皮细胞转运，分泌到黏膜表面，并保护分泌型 IgA 的铰链区免受蛋白水解酶的降解。

［0021］免疫球蛋白的 J 链和分泌片结构模型教具中，显示了免疫球蛋白 SIgA 及 J 链和分泌片的基本结构和作用原理，免疫球蛋白 IgA 是由一长一短的两对多肽链对称排列而成的一个 Y 形分子。一对较长的肽链为重链（第二侧支 2），外侧一对较短的肽链为轻链（第一侧支 1）。轻、重链间由二硫键（上连接杆 4）相连接，重、重链间由二硫键（下连接杆 5）相连接。在重链的居中处有铰链区（中心连接杆 3），该处含有较多的脯氨酸，故有弹性。

［0022］两个单体 IgA（本体）通过二硫键（第二连接件 7）和 J 链（第一连接件 6）相连接。分泌片（螺旋体 9）是分泌型 IgA 分子上的一个辅助成分，为一种含糖（串珠 10）的肽链，由黏膜上皮细胞合成和分泌，结合于 IgA 二聚体上，使其成为分泌型 IgA，并一起被分泌到黏膜表面。将分泌片（螺旋体 9）包绕于两个单体 IgA（本体），这样就完成了免疫球蛋白 SIgA 的组装。

［0023］免疫球蛋白的 J 链和分泌片结构模型教具的使用方法：

［0024］1. 将上侧支用中心连接杆 3 连接下侧支，形成重链；将第一侧支 1 用上连接杆 5 连接到上侧支上，表示轻链与重链连接；将两个下侧支用下连接杆 5 连接，表示重链之间相连接，这样就完成了单体免疫球蛋白 IgA 的组装。

［0025］2. 将两个本体通过第一连接件 6 和第二连接件 7 连接，表示两个单体 IgA 的连接，将螺旋体 9 缠绕在两个本体外表面，这样就完成了免疫球蛋白 SIgA 的组装。

抗生物素蛋白连接的抗原肽 MHC 分子四聚体模型教具

专利号： ZL 2014 2 0301679.3

发明人： 赵英伟　朱越雄　曲春香　王蕾

摘　要： 本实用新型公开了抗生物素蛋白连接的抗原肽 MHC 分子四聚体模型教具，包括方形中心体，均设在所述中心体顶角的 4 个连接体，所述连接体包括连接球、端体、连接所述连接球与所述端体的连接杆，所述端体为长方体，所述端体一侧设置有内陷的腔体，所述腔体内设置有球体，所述中心体上设置有与所述连接球相配合的凹槽。本实用新型结构简单、拆卸灵活，令使用者加深对于 MHC 分子四聚体生物学特征的理解和印象。

权利要求书：

1. 抗生物素蛋白连接的抗原肽 MHC 分子四聚体模型教具，其特征在于：包括方形中心体，均设在所述中心体顶角的 4 个连接体，所述连接体包括连接球、端体、连接所述连接球与所述端体的连接杆，所述端体为长方体，所述端体一侧设置有内陷的腔体，所述腔体内设置有球体，所述中心体上设置有与所述连接球相配合的凹槽。

2. 根据权利要求 1 所述的抗生物素蛋白连接的抗原肽 MHC 分子四聚体模型教具，其特征在于：所述中心体侧面上均设有 4 个球体灯。

说明书：

技术领域

[0001] 本实用新型涉及一种教学用具领域，尤其涉及一种抗生物素蛋白连接的抗原肽 MHC 分子四聚体模型教具。

背景技术

[0002] 抗原特异性 CTL 在抗感染免疫、移植免疫和肿瘤免疫中发挥着重要的作用，定量分析抗原特异性 CTL 可为阐明免疫应答的状态提供重要信息。可溶性抗原肽 MHC 四聚体技术是近年来发展起来的一种定量检测抗原特异性 CTL 的新方法。

[0003] 抗原肽 MHC 四聚体技术的原理是用生物素化的 MHC-Ⅰ/抗原肽复合物与荧光标记的抗生物素蛋白结合，由于一个抗生物素蛋白可结合 4 个生物素分子，能使 4 个 MHC-Ⅰ/抗原肽复合物形成一个复合体，将该复合体标记荧光素后，即成抗原特异性四聚体。由于单体可溶性 MHC-Ⅰ/抗

原肽复合物与 T 细胞受体（TCR）的亲和力很低、解离快，而四聚体 MHC-Ⅰ/抗原肽复合物可与一个特异性 T 细胞上的 4 个 TCR 结合，亲和力大大提高，其解离速度减慢，用 FCM 即可确定待检标本中抗原特异性 CTL 的频率，检测的阳性率也大幅提高。

[0004] 在研究中首先是要了解抗原肽 MHC 四聚体的结构，才能进一步理解和掌握抗原特异性四聚体技术的原理，特别是在教学领域，教师要把抗原肽 MHC 四聚体的结构详细地介绍给学生，在现有技术中，一般都是通过示意图展示给学生，但图片形式缺少生动性，学生不容易记住抗原肽MHC 分子四聚体的结构和四聚体技术的原理。

发明内容

[0005] 本实用新型的目的是提供一种可拆装的抗生物素蛋白连接的抗原肽 MHC 分子四聚体模型教具。

[0006] 为达到上述目的，本实用新型采用的技术方案是：抗生物素蛋白连接的抗原肽 MHC 分子四聚体模型教具，包括方形中心体，均设在所述中心体顶角的 4 个连接体，所述连接体包括连接球、端体、连接所述连接球与所述端体的连接杆，所述端体为长方体，所述端体一侧设置有内陷的腔体，所述腔体内设置有球体，所述中心体上设置有与所述连接球相配合的凹槽。

[0007] 上述技术方案中，端体由 4 个相同大小、形态略有差异的小方格组成，连接杆连接在其中一个小方格上，其中与连接杆相连的小方格侧面具有一个凸起。

[0008] 优选的技术方案，所述中心体侧面上均设有 4 个球体灯。

[0009] 上述技术方案中，球体灯内安装有独立的 LED 灯系统，球体灯上设置有开关，球体灯吸附在中心体上。

[0010] 中心体代表抗生物素蛋白连接的抗原肽 MHC 分子四聚体的抗生物素蛋白，连接体代表 MHC-Ⅰ/抗原肽复合物，连接球代表生物素，连接杆及与连接杆相连的有凸起的小方格、有内陷的端体一侧的两个小方格代表 MHC-Ⅰ分子 α 重链，端体中的第四个小方格代表 MHC-Ⅰ分子 β 微球蛋白，腔体代表抗原肽结合槽，凹槽代表生物素结合槽，球体代表抗原肽，球体灯代表荧光素。

[0011] 由于上述技术方案的运用，本实用新型与现有技术相比具有下列优点：

[0012] 本实用新型结构简单，为三维可拆卸结构，可灵活拆卸，可增强使用者的记忆，令使用者加深对于 MHC 分子四聚体结构的理解和印象。

说明书附图

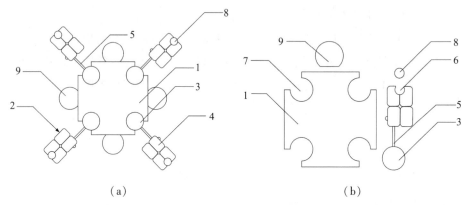

（a） （b）

图 1.27

附图说明

[0013] 图 1.27（a）为本实用新型结构示意图。

[0014] 图 1.27（b）为图 1.27（a）结构的拆分图。

[0015] 其中：1. 中心体；2. 连接体；3. 连接球；4. 端体；5. 连接杆；6. 腔体；7. 凹槽；8. 球体；9. 球体灯。

具体实施方式

[0016] 下面结合附图及实施例对本实用新型作进一步描述：

[0017] 实施例一：

[0018] 如图 1.27 所示，抗生物素蛋白连接的抗原肽 MHC 分子四聚体模型教具，包括方形中心体 1，均设在中心体 1 顶角的 4 个连接体 2，连接体 2 包括连接球 3、端体 4、连接连接球 3 与端体 4 的连接杆 5，端体 4 为长方体，端体 4 一侧设置有内陷的腔体 6，腔体 6 内设置有球体 8，中心体 1 上设置有与连接球 3 相配合的凹槽 7。

[0019] 端体 4 由 4 个相同大小的小方格组成，连接杆 5 连接在其中一个小方格上，其中与连接杆 5 相连的小方格侧面具有一个凸起。

[0020] 中心体 1 侧面上均设有 4 个球体灯 9。

[0021] 球体灯 9 内安装有独立的 LED 灯系统，球体灯 9 上设置有开关，球体灯 9 上设置有磁铁，中心体 1 侧面设置有铁片，球体灯 9 吸附在中心体侧面。

[0022]　中心体 1 代表抗生物素蛋白连接的抗原肽 MHC 分子四聚体的抗生物素蛋白，连接体 2 代表 MHC-Ⅰ/抗原肽复合物，连接球 3 代表生物素，连接杆 5 及与连接杆 5 相连的有凸起的小方格、有内陷的端体一侧的两个小方格代表 MHC-Ⅰ分子 α 重链，端体 4 中的第四个小方格代表 MHC-Ⅰ分子 β 微球蛋白，腔体 6 代表抗原肽结合槽，凹槽 7 代表生物素结合槽，球体 8 代表抗原肽，球体灯 9 代表荧光素。

[0023]　在教学使用时，可将球体灯 9 的 LED 灯系统打开模拟荧光素。

一种链球菌抗原模型教具

专利号： ZL 2014 2 0205481.5

发明人： 赵英伟　朱越雄

摘　　要： 本实用新型公开了一种链球菌抗原模型教具，包括圆柱形的中心体，包裹在所述中心体外的弧形中间层，包裹在所述中间层外的弧形外壳，所述外壳表面插设有插杆；所述中间层上设置有上下贯通的第一开口，所述外壳上设置有上下贯通的第二开口，所述外壳内侧面设置有凸起的插条，所述中间层外表面设置有与所述插条相配合的凹槽。本实用新型为三维可拆卸结构，可增强使用者的记忆力，加深使用者对于链球菌抗原结构的的理解与印象。

权利要求书：

1. 一种链球菌抗原模型教具，其特征在于：包括圆柱形的中心体，包裹在所述中心体外的弧形中间层，包裹在所述中间层外的弧形外壳，所述外壳表面插设有插杆；所述中间层上设置有上下贯通的第一开口，所述外壳上设置有上下贯通的第二开口，所述外壳内侧面设置有凸起的插条，所述中间层外表面设置有与所述插条相配合的凹槽。

2. 根据权利要求 1 所述的一种链球菌抗原模型教具，其特征在于：所述中间层为三层复合结构，由里至外分别为外层、夹层、内层。

说明书：

技术领域

[0001]　本实用新型涉及教学用具领域，尤其涉及一种链球菌抗原模型教具。

背景技术

[0002] A 群链球菌中与人类疾病密切相关的主要为化脓性链球菌，是人类常见的感染细菌，也是链球菌中对人致病作用最强的细菌。

[0003] 链球菌的抗原结构比较复杂，主要有三种：

[0004] 1. 多糖抗原或称 C 抗原：细胞壁外的多糖组分，可用稀盐酸等提取；为群特异性抗原，是链球菌分群的依据。

[0005] 2. 表面抗原或称蛋白质抗原：细胞壁外的菌毛样结构含 M 蛋白，位于 C 抗原外层，具有型特异性，有近 150 种血清型。M 抗原与致病性有关。

[0006] 3. P 抗原或称核蛋白抗原：无特异性，各种链球菌均相同，并与葡萄菌有交叉。

[0007] 链球菌的抗原结构比较复杂，但在一般教学中，通常采用扫描电镜图来观察链球菌以及示意图来展示链球菌抗原结构，由于图片的局限性，缺乏生动性也不能很好地体现抗原结构，使得在教学时不能很好地吸引学生的注意力。

发明内容

[0008] 本实用新型的目的是提供一种可拆装的链球菌抗原模型教具。

[0009] 为达到上述目的，本实用新型采用的技术方案是：一种链球菌抗原模型教具，包括圆柱形的中心体，包裹在所述中心体外的弧形中间层，包裹在所述中间层外的弧形外壳，所述外壳表面插设有插杆；所述中间层上设置有上下贯通的第一开口，所述外壳上设置有上下贯通的第二开口，所述外壳内侧面设置有凸起的插条，所述中间层外表面设置有与所述插条相配合的凹槽。

[0010] 优选的技术方案，所述中间层为三层复合结构，由外到内分别为外层、夹层、内层。

[0011] 上述技术方案中，球菌抗原模型教具代表链球菌的抗原结构，中心体代表细胞质，中间层代表细胞壁，外壳代表荚膜，插杆代表菌毛样结构，中间层的外层代表蛋白质，夹层代表多糖，内层代表肽聚糖。

[0012] 由于上述技术方案的运用，本实用新型与现有技术相比具有下列优点：

[0013] 1. 本实用新型结构简单，为三维可拆卸结构，可灵活拆卸，可增强使用者的记忆，加深使用者对于链球菌抗原结构的理解与印象。

说明书附图

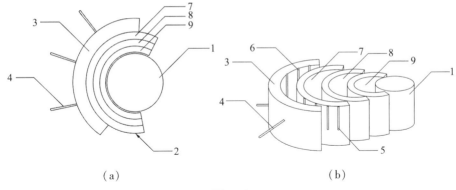

（a）　　　　　　　　　　　　（b）

图 1.28

附图说明

[0014] 图 1.28（a）为本实用新型结构示意图。

[0015] 图 1.28（b）为本实用新型拆装示意图。

[0016] 其中：1. 中心体；2. 中间层；3. 外壳；4. 插杆；5. 凹槽；6. 插条；7. 外层；8. 夹层；9. 内层。

具体实施方式

[0017] 下面结合附图及实施例对本实用新型作进一步描述：

[0018] 实施例一：

[0019] 如图 1.28 所示，一种链球菌抗原模型教具，包括圆柱形的中心体 1，包裹在中心体 1 外的弧形中间层 2，包裹在中间层 2 外的弧形外壳 3，外壳 3 表面插设有插杆 4；中间层 2 上设置有上下贯通的第一开口，外壳 3 上设置有上下贯通的第二开口，外壳 3 内侧面设置有凸起的插条 5，中间层 2 外表面设置有与插条 5 相配合的凹槽 6。

[0020] 中间层 2 为三层复合结构，由外到内分别为外层 7、夹层 8、内层 9。

[0021] 链球菌抗原模型教具代表链球菌的抗原结构，中心体 1 代表细胞质，中间层 2 代表细胞壁，外壳 3 代表荚膜，插杆 4 代表菌毛样结构，中间层 2 的外层 7 代表蛋白质，夹层 8 代表多糖，内层 9 代表肽聚糖。

[0022] 在生产运用时，可以在各部件表面印刷其所代表的生物结构的特征图样。

一种革兰阴性菌细胞壁内毒素模型教具

专利号： ZL 2012 1 0327149. 1，ZL 2012 2 0452120. 1

发明人： 朱越雄　曹广力

摘　要： 本实用新型公开了一种革兰阴性菌细胞壁内毒素模型教具，其特征在于：其包括内环、中环、外环和插杆，所述内环、中环、外环都为半个圆环，所述外环包裹所述中环，所述中环包裹所述内环，所述外环的内直径与所述中环的外直径相同，所述中环的内直径与所述内环的外直径相同，所述插杆设置在所述外环的外壁上。本实用新型能够使观察者清楚地了解革兰阴性菌细胞壁内毒素的外观、结构和工作原理，还能够节省运输空间，降低运输成本。

权利要求书：

1. 一种革兰阴性菌细胞壁内毒素模型教具，其特征在于：其包括内环、中环、外环和插杆，所述内环、中环、外环都为半个圆环，所述外环包裹所述中环，所述中环包裹所述内环，所述外环的内直径与所述中环的外直径相同，所述中环的内直径与所述内环的外直径相同，所述插杆设置在所述外环的外壁上，所述插杆垂直于所述外环的外壁。

2. 根据权利要求1所述的一种革兰阴性菌细胞壁内毒素模型教具，其特征在于：所述插杆包括头部、中部、尾部，所述中部为多个圆环堆叠而成，所述尾部为三个圆柱体串联而成，所述头部、中部、尾部依次固定连接。

3. 根据权利要求1或2所述的一种革兰阴性菌细胞壁内毒素模型教具，其特征在于：所述外环外壁上设置有插孔，所述插杆的头部顶端设置有与所述插孔配合的卡扣。

4. 根据权利要求1所述的一种革兰阴性菌细胞壁内毒素模型教具，其特征在于：所述外环的内壁与所述中环的外壁通过卡扣相连接，所述中环的内壁与所述内环的外壁通过卡扣相连接。

说明书：

技术领域

[0001] 本实用新型涉及一种模型教具，尤其涉及一种革兰阴性菌细胞壁内毒素模型教具。

背景技术

[0002] 内毒素是革兰阴性细菌细胞壁中的一种成分，叫作脂多糖。脂多糖对宿主是有毒性的，内毒素只有当细菌死亡溶解或用人工方法破坏菌细胞后才释放出来。

[0003] 人体对细菌内毒素极为敏感，可导致适度发热、微血管扩张、炎症反应等对于宿主有益的免疫保护应答。由于绝大多数被革兰阴性菌感染的患者血流中白细胞总数都会增加，所以现在医生在诊断前，为了初步区别是细菌性感染还是病毒性感染，常常要化验病人的血液，对白细胞进行总数测定和分类计数，而被病毒感染的病人，其白细胞总数和中性粒细胞百分比基本在正常值范围内。当病灶或血流中革兰阴性病原菌大量死亡，释放出来的大量内毒素进入血液时，可发生内毒素血症。大量内毒素进入血液后产生某些物质作用于小血管造成功能紊乱而导致微循环障碍，临床表现为微循环衰竭、低血压、缺氧、酸中毒等，于是导致病人休克，这种病理反应叫作内毒素休克。

[0004] 综上所述，对于内毒素的研究尤为重要，通过对内毒素的控制和利用可以在医疗卫生方面做出贡献。然而现在在教学领域一般用示意图来进行教学，由于内毒素位于细胞壁的最外层、覆盖于细胞壁的黏肽上，平面的图片不能够很好地分析其结构，解释其工作原理，所以需要一个三维的模型进行辅助讲解。

发明内容

[0005] 本实用新型的目的是提供一种结构简单，便于携带又能够很好地展示内毒素结构和工作原理的革兰阴性菌细胞壁内毒素模型教具。

[0006] 为达到上述目的，本实用新型采用的技术方案是：一种革兰阴性菌细胞壁内毒素模型教具，其包括内环、中环、外环和插杆，所述内环、中环、外环都为半个圆环，所述外环包裹所述中环，所述中环包裹所述内环，所述外环的内直径与所述中环的外直径相同，所述中环的内直径与所述内环的外直径相同，所述插杆设置在所述外环的外壁上，所述插杆垂直于所述外环的外壁。

[0007] 优选的技术方案，所述插杆包括头部、中部、尾部，所述中部为多个圆环堆叠而成，所述尾部为三个圆柱体串联而成，所述头部、中部、尾部依次固定连接。

[0008] 优选的技术方案，所述外环外壁上设置有插孔，所述插杆的头

部顶端设置有与所述插孔配合的卡扣。所述插孔均匀组合排列在所述外环外壁上。

[0009] 优选的技术方案，所述外环的内壁与所述中环的外壁通过卡扣相连接，所述中环的内壁与所述内环的外壁通过卡扣相连接。

[0010] 上述技术方案中，所述所有部件的材料都为塑料，所述内环、中环、外环都具有一定的厚度，所述外环、中环、内环不仅可以使用卡扣连接，也可以使用磁性材料连接。

[0011] 由于上述技术方案的运用，本实用新型与现有技术相比具有下列优点：

[0012] 1. 由于本实用新型的结构是三维立体结构，能够使观察者清楚地了解革兰阴性菌细胞壁内毒素的外观及结构，更适用于教学讲解。

[0013] 2. 由于本实用新型采用的是拆装结构，不仅能够节省运输空间，降低运输成本，还能够增加使用者的动手能力，加深记忆，更加深入了解革兰阴性菌细胞壁内毒素的构造及工作原理。

说明书附图

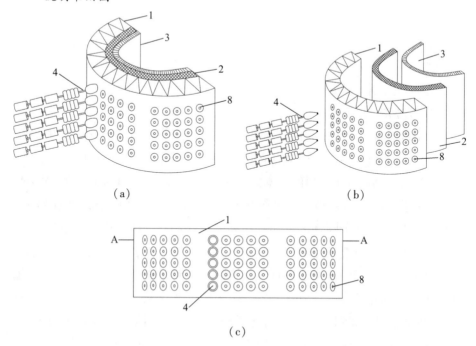

(a)

(b)

(c)

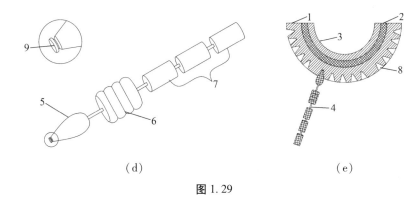

（d）   （e）

图 1.29

附图说明

[0014] 图 1.29（a）为本实用新型实施例的立体图。

[0015] 图 1.29（b）为分解图。

[0016] 图 1.29（c）为主视图。

[0017] 图 1.29（d）为插杆图。

[0018] 图 1.29（e）为图 1.29（c）的 A-A 剖面图。

[0019] 其中：1. 外环；2. 中环；3. 内环；4. 插杆；5. 头部；6. 中部；7. 尾部；8. 插孔；9. 卡扣。

具体实施方式

[0020] 下面结合附图所示的实施例对本实用新型作进一步描述：

[0021] 实施例一：

[0022] 如图 1.29 所示，一种革兰阴性菌细胞壁内毒素模型教具，其包括内环 3、中环 2、外环 1 和插杆 4，内环 3、中环 2、外环 1 都为半个圆环，外环 1 包裹中环 2，中环 2 包裹内环 3，外环 1 的内直径与中环 2 的外直径相同，中环 2 的内直径与内环 3 的外直径相同，插杆 4 设置在外环的外壁上，插杆 4 垂直于所述外环 1 的外壁。

[0023] 插杆包括头部 5、中部 6、尾部 7，中部为多个圆环堆叠而成，尾部为 3 个圆柱体串联而成，头部 5、中部 6、尾部 7 依次固定连接。在外环 1 的外表面上设置有均匀组合排列的插孔 8，在插杆的头部 5 顶端设置有与插孔 8 配合的卡扣 9。外环 1 的内壁与中环 2 的外壁通过卡扣相连接，中环 2 的内壁与内环 3 的外壁通过卡扣相连接。

[0024] 若要组合革兰阴性菌细胞壁内毒素模型教具，将内环 3 卡在中环 2 内，再将中环 2 卡在外环 1 内，最后插上插杆 4 即可。

[0025] 在革兰阴性菌细胞壁内毒素完整结构模型教具中，显示了革兰阴性菌细胞壁内毒素的基本结构和作用原理，外层的蛋白质/脂（即模型教具中的外环1）包裹着肽聚糖（即模型教具中的中环2），肽聚糖包裹着细胞膜（即模型教具中的内环3），当细胞死亡裂解后释放出内毒素（即模型教具中的插杆4）。内毒素是革兰阴性菌细胞壁中的脂多糖，其分子结构由O-特异性多糖（即模型教具中的尾部7）、非特异核心多糖（即模型教具中的中部6）和脂质A（即模型教具中的头部5）三部分组成。

[0026] 三维立体结构的模型教具能够使观察者清楚地了解革兰阴性菌细胞壁内毒素的外观及结构，更适用于教学讲解，而拆装结构更有利于使用者加深对革兰阴性菌细胞壁内毒素构造的认知和记忆，并且有利于包装运输，节省包装运输的空间和成本。

第二部分

阐述理论用教具

一种遗传密码组合教具

发明号： ZL 2013 2 0523136.1

发明人： 曹广力　贡成良　薛仁宇　朱越雄　郑小坚

摘　要： 本实用新型公开了一种遗传密码组合教具，包括圆形的底盘、固定设置在底盘中间的转动轴、由上到下套设在所述转动轴上的第二转动盘和第三转动盘、转动设置在转动轴顶端的第一转动盘，所述底盘、第三转动盘、第二转动盘、第一转动盘直径逐步递减，所述底盘、第三转动盘、第二转动盘、第一转动盘上表面环设有插卡。本实用新型结构简单，并且可以根据需要调整插卡图样或者插卡位置。

权利要求书

1. 一种遗传密码组合教具，其特征在于：包括圆形的底盘、固定设置在底盘中间的转动轴、由上到下套设在所述转动轴上的第二转动盘和第三转动盘、转动设置在转动轴顶端的第一转动盘，所述底盘、第三转动盘、第二转动盘、第一转动盘直径逐步递减，所述底盘、第三转动盘、第二转动盘、第一转动盘上表面环设有插卡。

2. 根据权利要求1所述的一种遗传密码组合教具，其特征在于：所述底盘、第三转动盘、第二转动盘、第一转动盘上设置有与所述插卡相配合的卡槽。

3. 根据权利要求2所述的一种遗传密码组合教具，其特征在于：所述第一转动盘上均设有4个卡槽。

4. 根据权利要求2所述的一种遗传密码组合教具，其特征在于：所述第二转动盘上均设有16个卡槽。

5. 根据权利要求 2 所述的一种遗传密码组合教具，其特征在于：所述第三转动盘上均设有 64 个卡槽。

6. 根据权利要求 2 所述的一种遗传密码组合教具，其特征在于：所述底盘上设有 25 个卡槽。

7. 根据权利要求 1 所述的一种遗传密码组合教具，其特征在于：所述第一转动盘、第二转动盘、第三转动盘通过轴承与所述转动轴连接。

说明书：

技术领域

［0001］本实用新型涉及教学用具领域，尤其涉及一种遗传密码组合教具。

背景技术

［0002］遗传密码又称密码子、遗传密码子、三联体密码，指 mRNA 分子上从 5′端到 3′端方向，由起始密码子 AUG 开始，每 3 个核苷酸组成的三联体。它决定肽链上每一个氨基酸和各氨基酸的合成顺序，以及蛋白质合成的起始、延伸和终止。

［0003］遗传密码是一组规则，将 DNA 或 RNA 序列以 3 个核苷酸为一组的密码子转译为蛋白质的氨基酸序列，以用于蛋白质合成。几乎所有的生物都使用同样的遗传密码，称为标准遗传密码；即使是非细胞结构的病毒，它们也是使用标准遗传密码。但是也有少数生物使用一些稍微不同的遗传密码。

［0004］遗传密码的翻译，首先是以 DNA 的一条链为模板合成与它互补的 mRNA，根据碱基互补配对原则在这条 mRNA 链上，A 变为 U，T 变为 A，C 变为 G，G 变为 C。因此，这条 mRNA 上的遗传密码与原来模板 DNA 的互补 DNA 链是一样的，所不同的只是 U 代替了 T。然后再由 mRNA 上的遗传密码翻译成多肽链中的氨基酸序列。

［0005］生物对 mRNA 分子中核苷酸序列的翻译方式以 3 个相邻核苷酸为单位进行，这样串联排列的 3 个核苷酸被称为一个三联体密码（即遗传密码），而每个三联体密码代表一个氨基酸（包含起始氨基酸）或终止信号。如 AUG 被识别为甲硫氨酸即起始氨基酸，UAA、UAG、UGA 被识别为终止信号。

［0006］4 种构成 mRNA 的核苷酸经排列组合可构成 64 个三联体密码，其中 61 个编码 20 种直接在蛋白质合成中使用的氨基酸；另有 3 个不编码任

何氨基酸，而作为肽链合成的终止密码。

[0007] 由于遗传密码的解说较为复杂，特别是在教学领域中，教师在讲解遗传密码的时候只能借助于图片，这样的教学模式枯燥乏味，且不能简单明了地讲解遗传密码，更不能提高学生的学习兴趣。

发明内容

[0008] 本实用新型的目的是提供一种结构简单、便于组合使用的遗传密码组合教具。

[0009] 为达到上述目的，本实用新型采用的技术方案是：一种遗传密码组合教具，包括圆形的底盘、固定设置在底盘中间的转动轴、由上到下套设在所述转动轴上的第二转动盘和第三转动盘、转动设置在转动轴顶端的第一转动盘，所述底盘、第三转动盘、第二转动盘、第一转动盘直径逐步递减，所述底盘、第三转动盘、第二转动盘、第一转动盘上表面环设有插卡。

[0010] 优选的技术方案，所述第一转动盘、第二转动盘、第三转动盘通过轴承与所述转动轴连接。

[0011] 优选的技术方案，所述底盘、第三转动盘、第二转动盘、第一转动盘上设置有与所述插卡相配合的卡槽。

[0012] 进一步的技术方案，所述第一转动盘上均设有 4 个卡槽。

[0013] 所述第二转动盘上均设有 16 个卡槽。

[0014] 所述第三转动盘上均设有 64 个卡槽。

[0015] 所述底盘上设置有 25 个卡槽。

[0016] 上文中，第一转动盘、第二转动盘、第三转动盘上均设分别印有 A、T、C、G 的插卡，底盘上插设有分别印有 A、V、R、S、K、N、T、M、I、R、Q、H、P、L、W、STOP、C、STOP、Y、S、L、F、G、E、D 的插卡。

[0017] 其中，A、T、C、G 分别代表 DNA 中的腺嘌呤、胸腺嘧啶、胞嘧啶、鸟嘌呤。也可根据 DNA、RNA 的不同，将插卡设置为 A、U、C、G，再根据密码表改变底盘上的插卡数量及插卡图样。

[0018] 由于上述技术方案的运用，本实用新型与现有技术相比具有下列优点：

[0019] 1. 本实用新型为插卡式结构，可以根据需要调整卡片图样或者卡片位置。

[0020] 2. 本实用新型采用轴承转动，既增强了教具的使用性，又能减小各部件间的摩擦，延长教具的使用寿命。

说明书附图

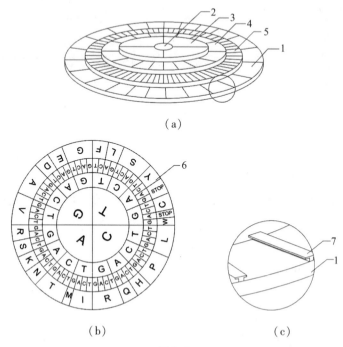

图 2.1

附图说明

[0021] 图 2.1（a）为本实用新型结构示意图。

[0022] 图 2.1（b）为本实用新型俯视图。

[0023] 图 2.1（c）为本实用新型卡槽放大图。

[0024] 其中：1. 底盘；2. 转动轴；3. 第一转动盘；4. 第二转动盘；5. 第三转动盘；6. 插卡；7. 卡槽。

具体实施方式

[0025] 下面结合附图及实施例对本实用新型作进一步描述：

[0026] 实施例一：

[0027] 如图 2.1 所示，一种遗传密码组合教具，包括圆形的底盘 1、固定设置在底盘 1 中间的转动轴 2、由上到下套设在转动轴 2 上的第二转动盘 4 和第三转动盘 5、转动设置在转动轴 2 顶端的第一转动盘 3，底盘 1、第三转动盘 5、第二转动盘 4、第一转动盘 3 直径逐步递减，底盘 1、第三转动

盘5、第二转动盘4、第一转动盘3上表面环设有插卡6。

［0028］第一转动盘3、第二转动盘4、第三转动盘5通过轴承与转动轴2连接。

［0029］底盘1、第三转动盘5、第二转动盘4、第一转动盘3上设置有与插卡6相配合的卡槽7。

［0030］第一转动盘3上均设有4个卡槽7，插设有4张插卡6，插卡6分别印有A、T、C、G。

［0031］第二转动盘4上均设有16个卡槽7，插设有16张插卡6，插卡6分别印有A、T、C、G，共4组。

［0032］第三转动盘5上均设有64个卡槽7，插设有64张插卡6，插卡6分别印有A、T、C、G，共16组。

［0033］底盘1上设置有25个卡槽7，插设有25张插卡6，插卡6分别印有A、V、R、S、K、N、T、M、I、R、Q、H、P、L、W、STOP、C、STOP、Y、S、L、F、G、E、D。

［0034］在使用时，选择底盘1上的一张插卡6，根据所选插卡6转动第一转动盘3、第二转动盘4、第三转动盘5，选出组成所选插卡6的三个碱基；也可根据第一转动盘3、第二转动盘4、第三转动盘5的碱基顺序来选择底盘1上的插卡6。

巨噬细胞甘露糖受体对病原菌识别与结合的示教教具

专利号： ZL 2013 2 0231172.0

发明人： 朱越雄　赵英伟　王　蕾　李蒙英　吴　康　曹广力

摘　要： 本实用新型公开了一种巨噬细胞甘露糖受体（MR）对病原菌识别与结合的示教教具，其包括半环形第一本体，对称设置在所述第一本体外表面的两个L形的支撑体，连接在所述支撑体上的Y形的连接体，与所述连接体连接的第二本体；所述第二本体又包括椭圆球的中心体、固定设置在所述中心体上的至少两个连接脚，所述连接脚与所述连接体连接。本实用新型结构简单且为拆装式，不仅能够节省运输空间，降低运输成本，还能够提高使用者的动手能力。

权利要求书：

1. 一种巨噬细胞甘露糖受体对病原菌识别与结合的示教教具，其特征在于：其包括半环形第一本体，对称设置在所述第一本体外表面的两个 L 形的支撑体，连接在所述支撑体上的 Y 形的连接体，与所述连接体连接的第二本体；所述第二本体又包括椭圆球的中心体、固定设置在所述中心体上的至少两个连接脚，所述连接脚与所述连接体连接。

2. 根据权利要求 1 所述的巨噬细胞甘露糖受体对病原菌识别与结合的示教教具，其特征在于：所述连接体连接在所述支撑体的顶面，所述连接脚连接在所述连接体 Y 形开口中部。

3. 根据权利要求 1 所述的巨噬细胞甘露糖受体对病原菌识别与结合的示教教具，其特征在于：所述支撑体与所述第一本体采用卡扣连接，所述连接体与所述支撑体采用卡扣连接，所述连接脚与所述连接体采用卡扣连接。

4. 根据权利要求 1 所述的巨噬细胞甘露糖受体对病原菌识别与结合的示教教具，其特征在于：所述连接脚环绕所述中心体均匀设置有 8 个。

说明书：

技术领域

[0001] 本实用新型涉及一种模型教具，尤其涉及巨噬细胞甘露糖受体对病原菌识别与结合的示教教具。

背景技术

[0002] 甘露糖受体（MR）属于 C 型凝集素超家族成员，为跨膜蛋白，可通过胞外区识别和结合特定的糖类分子，在识别病原体、递呈抗原和保持内环境稳定中发挥作用。在许多组织的抗原递呈细胞上都有 MR 的表达，且共聚焦显微镜显示，MR 阳性细胞共表达 MHC II 类分子，MHC II 类分子提呈经过加工的抗原给 $CD4^+T$ 淋巴细胞，在诱发免疫反应中起重要作用，提示 MR 在这些细胞中的主要作用是抗原捕获。

[0003] MR 除了参与维持机体内环境的稳定外，在机体的先天性免疫和后天免疫中起重要作用。在机体的先天性免疫中 MR 参与识别病原体，现已知属于吞噬细胞类的巨噬细胞（Mφ）可通过 MR 识别细胞壁的多糖成分，如酵母甘露聚糖、细菌荚膜、LPS 和 N -乙酰氨基葡萄糖等，来吞噬许多非调理素化的微生物，包括细菌、真菌和原生动物等。在现有的巨噬细胞通过甘露糖受体对病原菌的识别与结合的描述中最多的是对非调理素化病原菌的识别与结合。Mφ 的 MR 识别病原体后，可导致细胞活化，使超氧化阴离子释放增加，并诱导细胞因子的合成。吞噬细胞膜在肌动蛋白细胞骨架

的介导下可发生变形运动，包绕病原体或病原体感染的靶细胞，形成吞噬小体，进而消化、杀伤病原体。

［0004］在后天免疫中 MR 除了参与抗原转运外，还参与树突状细胞（DC）的抗原呈递作用。DC 可通过 MR 介导内吞方式摄取抗原。此途径具有高效性、选择性及饱和性的特点。MR 为可重复使用的抗原受体，其功能主要是摄取并集中非自身抗原，以利于抗原的处理和呈递。

［0005］在教学领域一般用示意图来演示巨噬细胞通过甘露糖受体对非调理素化病原菌的识别与结合，但平面的图片不能够很好地分析其结构，解释其识别过程，所以需要一个三维的模型进行辅助讲解。

发明内容

［0006］本实用新型的目的是提供用以演示巨噬细胞甘露糖受体对病原菌识别与结合的示教教具。

［0007］为达到上述目的，本实用新型采用的技术方案是：巨噬细胞甘露糖受体对病原菌识别与结合的示教教具，其包括半环形第一本体，对称设置在所述第一本体外表面的两个 L 形支撑体，连接在所述支撑体上的 Y 形连接体，与所述连接体连接的第二本体；所述第二本体又包括椭圆球中心体、固定设置在所述中心体上的至少两个连接脚，所述连接脚与所述连接体连接。

［0008］上述技术方案中，第一本体代表吞噬细胞膜，支撑体代表甘露糖受体的跨膜区段，连接体代表甘露糖受体针对糖类分子的识别与结合区段，第二本体代表病原菌。

［0009］优选的技术方案，所述连接体连接在所述支撑体的顶面，所述连接脚连接在所述连接体 Y 形开口中部。

［0010］优选的技术方案，所述支撑体与所述第一本体采用卡扣连接，所述连接体与所述支撑体采用卡扣连接，所述连接脚与所述连接体采用卡扣连接。

［0011］优选的技术方案，所述连接脚环绕所述中心体均匀设置有8个。

［0012］Mφ 通过 MR 对非调理素化病原菌的识别与结合：

［0013］1. 当病原菌进入机体引发免疫反应，导致 Mφ 接近病原菌，由于病原菌细胞表面携带细菌荚膜、LPS 和 N－乙酰氨基葡萄糖等多糖分子，Mφ 可通过 MR 识别上述多糖分子。

[0014] 2. Mφ 的 MR 一旦识别到细菌荚膜、LPS 和 N-乙酰氨基葡萄糖等多糖分子，即可与被识别多糖分子结合，从而引发吞噬作用，吞噬这些非调理素化的病原菌。

[0015] 相应的巨噬细胞甘露糖受体对病原菌识别与结合的示教教具演示：

[0016] 1. 将连接体连接在两个支撑体上，由于连接体代表甘露糖受体针对糖类分子的识别与结合区段，而支撑体代表甘露糖受体的跨膜区段，两者连接形成完整的甘露糖受体。

[0017] 2. 将第二本体的两个连接脚与两个连接体连接，代表病原菌表面的细菌荚膜、LPS 和 N-乙酰氨基葡萄糖等多糖分子被甘露糖受体识别并结合。

[0018] 由于上述技术方案的运用，本实用新型与现有技术相比具有下列优点：

[0019] 由于本实用新型采用的是三维立体拆装结构，不仅能够节省运输空间，降低运输成本，还能够提高使用者的动手能力，加深记忆，更加深入了解巨噬细胞通过甘露糖受体对非调理素化病原菌的识别与结合知识点的理解。

说明书附图

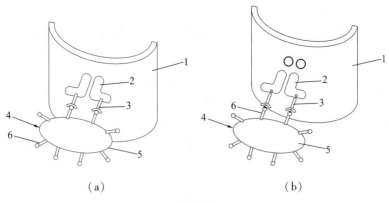

(a)　　　　　　　　　　(b)

图 2.2

附图说明

[0020] 图 2.2（a）为立体图。

[0021] 图 2.2（b）为分解图。

[0022] 其中：1. 第一本体；2. 支撑体；3. 连接体；4. 第二本体；

5. 中心体；6. 连接脚。

具体实施方式

［0023］下面结合附图及实施例对本实用新型作进一步描述：

［0024］实施例一：

［0025］如图 2.2 所示，巨噬细胞甘露糖受体对病原菌识别与结合的示教教具，其包括半环形第一本体 1，对称设置在第一本体 1 外表面的两个 L 形支撑体 2，连接在支撑体 2 上的 Y 形连接体 3，与连接体 3 连接的第二本体 4；第二本体 4 又包括椭圆球中心体 5、固定设置在中心体 5 上的八个连接脚 6，连接脚 6 与连接体 3 连接。

［0026］连接体 3 连接在支撑体 2 的顶面，连接脚 6 连接在连接体 3 Y 形开口中部。

［0027］支撑体 2 与第一本体 1 采用卡扣连接，连接体 3 与支撑体 2 采用卡扣连接，连接脚 6 与连接体 3 采用卡扣连接。

［0028］连接脚 6 环绕中心体 5 均匀设置。

［0029］巨噬细胞甘露糖受体对病原菌识别与结合的示教教具的使用方法：

［0030］1. 将连接体 3 连接在两个支撑体 2 上，由于连接体 3 代表甘露糖受体针对糖类分子的识别与结合区段，而支撑体 2 代表甘露糖受体的跨膜区段，两者连接形成完整的甘露糖受体。

［0031］2. 将第二本体 4 的两个连接脚 6 与两个连接体 3 连接，代表病原菌表面的细菌荚膜、LPS 和 N-乙酰氨基葡萄糖等多糖分子被甘露糖受体识别并结合。

［0032］本实施例中，各部件都采用卡扣连接，不仅能够节省运输空间，降低运输成本，还能够让使用者深入了解巨噬细胞通过甘露糖受体对非调理素化病原菌识别与结合的知识点。

APC 通过免疫突触与 T 细胞相互作用结构模型教具

专利号： ZL 2015 2 0231172. X

发明人： 赵英伟　朱越雄

摘　要： 本实用新型公开了一种 APC 通过免疫突触与 T 细胞相互作用结构模型教具，包括"S"形的第一连接体、第二连接体，连接杆，设置在第一连接体、第二连接体之间的两条串体、两个椭球体、上杆体、下杆体、上结合体、下结合体、中心体、接受体、插体；串体、上杆体、上结合体、接受体通过连接杆连接到第一连接体上，椭球体、下杆体、下结合体、插体通过连接杆连接到第二连接体上；串体、椭球体上下相对，上杆体、下杆体上下相对，上结合体与下结合体通过中心体结合，接受体与插体上下相对。本实用新型为三维可拆装式立体结构，能够灵活展现 APC 通过免疫突触与 T 细胞相互作用的过程。

权利要求书：

1. APC 通过免疫突触与 T 细胞相互作用结构模型教具，其特征在于：包括"S"形的第一连接体、第二连接体，连接杆，设置在所述第一连接体、第二连接体之间的两条串体、两个椭球体、上杆体、下杆体、上结合体、下结合体、中心体、圆杆体、接受体、插体；所述串体、上杆体、上结合体、接受体通过所述连接杆连接到所述第一连接体上，所述椭球体、下杆体、下结合体、圆杆体、插体通过所述连接杆连接到所述第二连接体上；所述串体、椭球体上下相对，所述上杆体、下杆体上下相对，所述上结合体与所述下结合体通过所述中心体结合，所述接受体与所述插体上下相对。

2. 根据权利要求 1 所述的 APC 通过免疫突触与 T 细胞相互作用结构模型教具，其特征在于：所述串体包括串杆和穿设在所述串杆上的多个球体。

3. 根据权利要求 1 所述的 APC 通过免疫突触与 T 细胞相互作用结构模型教具，其特征在于：所述上杆体由四根条杆两两上下排列组成，所述位于下部的两根条杆末端各设置一个凸条，所述两个凸条设置在所述两根条杆中间。

4. 根据权利要求 1 所述的 APC 通过免疫突触与 T 细胞相互作用结构模型教具，其特征在于：所述下杆体包括两根平行的条杆，所述两根条杆顶端各设置一个凸条，所述两个凸条设置在所述条杆外边缘。

5. 根据权利要求 1 所述的 APC 通过免疫突触与 T 细胞相互作用结构模型教具，其特征在于：所述上结合体由四个圆柱体两两上下排列组成，所述位于下部的两个圆柱体上设置有与所述中心体形状相配合的开口。

6. 根据权利要求 1 所述的 APC 通过免疫突触与 T 细胞相互作用结构模型教具，其特征在于：所述下结合体由四个圆柱体两两上下排列组成，所述位于上部的两个圆柱体上设置有与所述中心体形状相配合的开口。

7. 根据权利要求 1 所述的 APC 通过免疫突触与 T 细胞相互作用结构模型教具，其特征在于：所述圆杆体包括两个圆柱形的杆体，所述其中一个杆体侧面设置有弧形凹陷。

8. 根据权利要求 1 所述的 APC 通过免疫突触与 T 细胞相互作用结构模型教具，其特征在于：所述接受体为一下端具有"V"形开口的圆柱体。

9. 根据权利要求 1 所述的 APC 通过免疫突触与 T 细胞相互作用结构模型教具，其特征在于：所述插体为一上端具有"V"形凸起的圆柱体。

10. 根据权利要求 1 所述的 APC 通过免疫突触与 T 细胞相互作用结构模型教具，其特征在于：所述第一连接体、第二连接体背面均设置有磁铁。

说明书：

技术领域

[0001] 本实用新型涉及教学用具领域，尤其涉及 APC 通过免疫突触与 T 细胞相互作用结构模型教具。

背景技术

[0002] T 淋巴细胞介导的免疫应答也称为细胞免疫应答。细胞免疫应答是一个连续的过程，可分为三个阶段：T 细胞特异性识别抗原阶段；T 细胞活化、增殖和分化阶段；效应性 T 细胞的产生及效应阶段。未与特异性抗原接触的成熟 T 细胞一般被称为初始 T 细胞。初始 T 细胞膜表面抗原识别的受体 TCR 与抗原提呈细胞 APC 表面的抗原肽－MHC 分子复合物（peptide-MHC，p-MHC）特异结合的过程称为抗原识别，这是 T 细胞特异活化的第一步。

[0003] 根据蛋白质抗原的来源不同，可分为外源性抗原和内源性抗原。外源性抗原和内源性抗原的提呈过程及机制不同。外源性抗原：来源于细胞外的抗原，如 APC 摄取的细菌。内源性抗原：细胞内合成的抗原，如肿瘤细胞和病毒感染细胞自身合成的肿瘤抗原和病毒抗原。外源性抗原可在局部或局部引流至淋巴组织，首先被这些部位的 APC 摄取、加工和处理，以抗原肽－MHC Ⅱ 类分子复合物的形式表达于 APC 表面，再将抗原有效地提呈给 CD4$^+$Th 细胞识别。Th 细胞通过细胞分子的产生与分泌，发挥不同的功能，从而调节细胞和体液免疫应答。内源性抗原如病毒感染细胞所合成的病毒蛋白和肿瘤细胞所合成的肿瘤抗原，主要被宿主的 APC 加工处理及提呈，以抗原肽－MHC Ⅰ 类分子复合物的形式表达于细胞表面，供特异性 CD8$^+$T 细胞识别。CD8$^+$T 细胞活化、增殖和分化为效应细胞后，可针

对病毒感染靶细胞和肿瘤细胞等，发挥细胞毒性 T 细胞的功能。

［0004］T 细胞与 APC 的非特异结合：初始 T 细胞进入淋巴结的副皮质区，利用其表面的黏附分子（LFA-1、CD2）与 APC 表面相应配体（ICAM-1、LFA-3）结合，可促进和增强 T 细胞表面 TCR 特异性识别和结合抗原肽的能力。上述黏附分子结合是可逆而短暂的，未能识别相应的特异性抗原肽的 T 细胞随即与 APC 分离，并可再次进入淋巴细胞循环。

［0005］T 细胞与 APC 的特异性结合：在 T 细胞与 APC 的短暂结合过程中，若 TCR 识别相应的特异性抗原肽-MHC（pMHC）复合物后，则 T 细胞可与 APC 发生特异性结合，并由 CD3 分子向胞内传递特异性抗原刺激信号，导致 LFA-1 分子构象改变，并增强其与 ICAM-1 结合的亲和力，从而稳定并延长 T 细胞与 APC 间结合的时间，以便有效地诱导抗原特异性 T 细胞激活和增殖。增殖的子代 T 细胞仍可与 APC 黏附，直至分化为效应细胞。T 细胞表面 CD4 和 CD8 分子是 TCR 识别抗原的辅助受体，在 T 细胞与 APC 的特异性结合中，CD4 和 CD8 可分别识别和结合 APC 或靶细胞表面的 MHC Ⅱ类分子和 MHC Ⅰ类分子，增强 TCR 与 pMHC 结合的亲和力。

［0006］T 细胞和 APC 表面表达多种协同刺激分子，有助于维持和加强 T 细胞与 APC 的直接接触，并为 T 细胞激活进一步活化提供协同刺激信号，这在细胞免疫应答的启动中起着极其重要的作用。

［0007］T 细胞和 APC 之间的作用并不是细胞表面分子间随机分散的相互作用，而是在细胞表面独特的区域上，聚集着一组 TCR，其周围是一圈黏附分子，这个特殊的结构成为免疫突触。免疫突触的形成是一种主动的动力学过程，在免疫突触形成的初期，TCR-pMHC 分散在新形成的突触周围，然后向中央移动，最终形成 TCR-pMHC 位于中央，周围是一圈 LFA-1-ICAM-1 相互作用的结构。此结构不仅可增强 TCR 与 pMHC 相互作用的亲和力，还可引发胞膜相关分子的一系列重要的变化，促进 T 细胞信号转导分子的相互作用、信号通路的激活及细胞骨架系统和细胞器的结构及功能变化，从而参与 T 细胞的激活和细胞效应的有效发挥。

［0008］在免疫学中，APC 与 T 细胞的相互作用是 T 淋巴细胞介导的细胞免疫应答中尤为重要的一部分。在教学领域一般用示意图来展示 APC 与 T 细胞的相互作用，但平面的图片不能够很好地分析其结构，解释其作用过程，所以需要一个三维的模型进行辅助讲解。

发明内容

［0009］本实用新型的目的是提供一种三维可拆装式的并且能够灵活展现 APC 通过免疫突触与 T 细胞相互作用的结构模型教具。

［0010］为达到上述目的，本实用新型采用的技术方案是：APC 通过免疫突触与 T 细胞相互作用结构模型教具，包括"S"形的第一连接体、第二连接体，连接杆，设置在所述第一连接体、第二连接体之间的两条串体、两个椭球体、上杆体、下杆体、上结合体、下结合体、中心体、圆杆体、接受体、插体；所述串体、上杆体、上结合体、接受体通过所述连接杆连接到所述第一连接体上，所述椭球体、下杆体、下结合体、圆杆体、插体通过所述连接杆连接到所述第二连接体上；所述串体、椭球体上下相对，所述上杆体、下杆体上下相对，所述上结合体与所述下结合体通过所述中心体结合，所述接受体与所述插体上下相对。

［0011］上述技术方案中，第一连接体上从左往右依次插设有串体、上杆体、上结合体、接受体、串体；第二连接体上从左往右依次插设有椭球体、下杆体、下结合体、圆杆体、插体、椭球体；上述所有部件均通过连接杆插设到第一连接体或第二连接体上。

［0012］优选的技术方案，所述串体包括串杆和穿设在所述串杆上的多个球体。

［0013］优选的技术方案，所述上杆体由四根条杆两两上下排列组成，所述位于下部的两根条杆末端各设置有一个凸条，所述两个凸条设置在所述两根条杆中间。

［0014］优选的技术方案，所述下杆体包括两根平行的条杆组成，所述两根条杆顶端各设置有一个凸条，所述两个凸条设置在所述条杆外边缘。

［0015］优选的技术方案，所述上结合体由四个圆柱体两两上下排列组成，所述位于下部的两个圆柱体上设置有与所述中心体形状相配合的开口。

［0016］上述技术方案中，位于上部的两个圆柱体的其中一个侧面设置有一个球体。

［0017］优选的技术方案，所述下结合体由四个圆柱体两两上下排列组成，所述位于上部的两个圆柱体上设置有与所述中心体形状相配合的开口。

［0018］优选的技术方案，所述圆杆体包括两个圆柱形的杆体，所述其中一个杆体侧面设置有弧形凹陷。

［0019］上述技术方案中，弧形凹陷与上结合体上的球体相配合。

[0020] 优选的技术方案，所述接受体为一下端具有"V"形开口的圆柱体。

[0021] 优选的技术方案，所述插体为一上端具有"V"形凸起的圆柱体。

[0022] 优选的技术方案，所述第一连接体、第二连接体背面均设置有磁铁。

[0023] 上述技术方案中，第一连接体和第二连接体在教学使用中，可以吸附在白板上，使得操作者在操作的时候更加方便。

[0024] 上述技术方案中，第一连接体代表 APC，第二连接体代表 CD8+T 细胞，串体代表 ICAM-1（CD54），椭球体代表 LFA-1（CD11a/CD18），上杆体代表 CD80，下杆体代表 CD28，上结合体代表 MHC，中心体代表普通抗原肽，下结合体代表 TCR，圆杆体代表 CD8，接受体代表 LFA-3 或 CD48，插体代表 CD2。

[0025] 由于上述技术方案的运用，本实用新型与现有技术相比具有下列优点：

[0026] 本实用新型为三维拆装式模型教具，结构简单、操作灵活、生动形象、成本低。

说明书附图

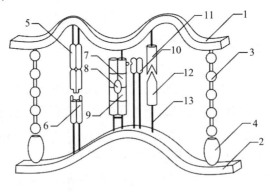

图 2.3

附图说明

[0027] 图 2.3 为本实用新型结构示意图。

[0028] 其中：1. 第一连接体；2. 第二连接体；3. 串体；4. 椭球体；5. 上杆体；6. 下杆体；7. 上结合体；8. 中心体；9. 下结合体；10. 圆杆体；11. 接受体；12. 插体；13. 连接杆。

具体实施方式

[0029] 下面结合附图及实施例对本实用新型作进一步描述:

[0030] 实施例一:

[0031] 如图 2.3 所示,APC 通过免疫突触与 T 细胞相互作用结构模型教具,包括"S"形的第一连接体 1、第二连接体 2,连接杆 13,设置在第一连接体 1、第二连接体 2 之间的两条串体 3、两个椭球体 4、上杆体 5、下杆体 6、上结合体 7、下结合体 9、中心体 8、接受体 11、插体 12;串体 3、上杆体 5、上结合体 7、接受体 11 通过连接杆 13 连接到第一连接体 1 上,椭球体 4、下杆体 6、下结合体 9、插体 12 通过连接杆 13 连接到第二连接体 2 上;串体 3、椭球体 4 上下相对,上杆体 5、下杆体 6 上下相对,上结合体 7 与下结合体 9 通过中心体 8 结合,接受体 11 与插体 12 上下相对。

[0032] 第一连接体 1 上从左往右依次插设有串体 3、上杆体 5、上结合体 7、接受体 11、串体 3;第二连接体 2 上从左往右依次插设有椭球体 4、下杆体 6、下结合体 9、圆杆体 10、插体 12、椭球体 4;上述所有部件均通过连接杆 13 插设到第一连接体 1 或第二连接体 2 上。

[0033] 串体 3 包括串杆和穿设在串杆上的多个球体。

[0034] 上杆体 5 由四根条杆两两上下排列组成,位于下部的两根条杆末端各设置有一个凸条,两个凸条设置在两根条杆中间。

[0035] 下杆体 6 包括两根平行的条杆组成,两根条杆顶端各设置有一个凸条,两个凸条设置在条杆外边缘。

[0036] 上结合体 7 由四个圆柱体两两上下排列组成,位于下部的两个圆柱体上设置有与中心体 8 形状相配合的开口。

[0037] 位于上部的两个圆柱体的其中一个侧面设置有一个球体。

[0038] 下结合体 9 由四个圆柱体两两上下排列组成,位于上部的两个圆柱体上设置有与中心体 8 形状相配合的开口。

[0039] 圆杆体 10 包括两个圆柱形的杆体,其中一个杆体侧面设置有弧形凹陷。

[0040] 弧形凹陷与上结合体 7 上的球体相配合。

[0041] 接受体 11 为一下端具有"V"形开口的圆柱体。

[0042] 插体 12 为一上端具有"V"形凸起的圆柱体。

[0043] 第一连接体 1、第二连接体 2 背面均设置有磁铁。

[0044] 第一连接体 1 和第二连接体 2 在教学使用中,可以吸附在白板

上，使得操作者在操作的时候更加方便。

[0045] 在教具使用时，第一连接体 1 代表 APC，第二连接体 2 代表 CD8$^+$T 细胞，串体 3 代表 ICAM-1（CD54），椭球体 4 代表 LFA-1（CD11a/CD18），上杆体 5 代表 CD80，下杆体 6 代表 CD28，上结合体 7 代表 MHC，中心体 8 代表普通抗原肽，下结合体 9 代表 TCR，圆杆体 10 代表 CD8，接受体 11 代表 LFA-3 或 CD48，插体 12 代表 CD2。

[0046] T 细胞与 APC 的非特异性结合：初始 T 细胞进入淋巴结的副皮质区，利用其表面的黏附分子（LFA-1、CD2）与 APC 表面相应配体（ICAM-1、LFA-3）结合，可促进和增强 T 细胞表面 TCR 特异性和结合抗原肽的能力。上述黏附分子结合是可逆而短暂的，未能识别相应的特异性抗原肽的 T 细胞随即与 APC 分离，并可再次进入淋巴细胞循环。

[0047] T 细胞与 APC 的特异性结合：在 T 细胞与 APC 的短暂结合过程中，若 TCR 识别相应的特异性抗原肽-MHC 复合物（pMHC）后，则 T 细胞可与 APC 发生特异性结合，并由 CD3 分子向细胞内传递特异性抗原刺激信号，导致 LFA-1 分子构象改变，并增强其与 ICAM-1 结合的亲和力，从而稳定并延长 T 细胞与 APC 间结合的时间，以便有效地诱导抗原特异性 T 细胞激活和增殖。增殖的子代 T 细胞仍可与 APC 黏附，直至分化为效应细胞。T 细胞表面 CD4 和 CD8 分子是 TCR 识别抗原的辅助受体，在 T 细胞与 APC 的特异性结合中，CD4 和 CD8 可分别识别和结合 APC 或靶细胞表面的 MHC Ⅱ 和 MHC Ⅰ 类分子，增强 TCR 与 pMHC 结合的亲和力。

[0048] T 细胞与 APC 表面表达多种协同刺激分子有助于维持和加强 T 细胞与 APC 的直接接触，并为 T 细胞激活进一步提供协同刺激信号，这在细胞免疫应答的启动中起着重要的作用。

[0049] T 细胞和 APC 之间的作用并不是细胞表面分子间随机分散的作用，而是在细胞表面独特的区域上，聚集着一组 TCR，其周围是一圈黏附分子，这个特殊的结构称为免疫突触。免疫突触的形成是一种主动的动力学过程，在免疫突触形成的初期，TCR-pMHC 分散在新形成的突触周围，然后向中央移动，最终形成 TCR-pMHC 位于中央，周围是一圈 LFA-1-ICAM-1 相互作用的结构。此结构不仅可增强 TCR 与 pMHC 相互作用的亲和力，还可引发胞膜相关分子的一系列重要的变化，促进 T 细胞信号转导分子的相互作用、信号通路的激活及细胞骨架系统和细胞器的结构及功能变化，从而参与 T 细胞的激活和细胞效应的有效发挥。

[0050] 免疫突触的形成分为三个阶段：

[0051] 1. 接触面的形成：CD4 或 CD8 分子在这一阶段可稳定 T 细胞与 APC 的接触，为 TCR 与抗原肽－MHC 分子复合物结合提供条件。

[0052] 2.TCR-pMHC 的移动：发生在第一阶段的约 5 分钟后，TCR-pMHC 复合物向接触面的中央移动，与此同时，LFA-1-ICAM-1 向周围移动。

[0053] 3. 免疫突触的形成：位于中央的 TCR-pMHC 复合物不再移动，在其周围形成由 LFA-1 和 ICAM-1 等分子相互结合所形成的环状结构，这种成熟的免疫突触可持续 1 小时以上。

[0054] T 细胞活化需两个信号刺激，TCR 识别 APC 上抗原肽－MHC 分子复合物，提供第一活化信号，如没有辅助刺激分子提供的第二信号，则导致 T 细胞无能。如 APC 上 B7 分子与 T 细胞上 CD28 结合提供第二信号，则导致 T 细胞活化。

超抗原对 T 细胞的作用模式模型教具

专利号： ZL 2015 2 0219945. 2

发明人： 赵英伟 朱越雄

摘 要： 本实用新型公开了一种超抗原对 T 细胞的作用模式模型教具，包括相对设置的两个座体，以及设置在座体中间的中心体，包裹中心体的四个第二柱体，分别两两设置在四个第二柱体两端的四个第一柱体，四个第一柱体分别通过四个第一连接杆与两个座体连接。本实用新型结构简单、操作方便、生动形象，可减小包装空间、节约运输成本。

权利要求书：

1. 一种超抗原对 T 细胞的作用模式模型教具，其特征在于：包括两个半圆的座体、四个圆柱形的第一柱体、四个具有弧形开口的圆柱形的第二柱体、四根条状的第一连接杆、十根条状的第二连接杆、一根条状的第三连接杆、一个椭圆形的中心体、一根弧形体、一个圆球形插件，所述第一柱体两端各设有一个连接孔、侧面对称设置有两个连接孔，所述第二柱体两端各设有一个连接孔、侧面对称设置有两个连接孔，所述弧形体两端设置有连接杆，所述圆球形插件一端设置有连接杆，所述座体顶面设置有两个连接孔；所述两个座体顶面相对设置，所述四个第二柱体开口相对连接形成中间块，所述第一柱体两两分别连接在所述第二柱体两端，所述四个第一柱体通过所述四根第一连接杆与所述两个座体连接，所述中心体嵌设在所述中间块开口内，所述中间块侧面插设有所述弧形体，所述四个第一柱体的任一个第一柱体侧面插设有插件，远离所述插件的两根第一连接杆之间设置有第三连接杆，所述第一柱体与所述第二柱体之间采用第二连接杆连接。

2. 根据权利要求 1 所述的超抗原对 T 细胞的作用模式模型教具，其特征在于：所述第一柱体与所述第二柱体的直径相同。

3. 根据权利要求 1 所述的超抗原对 T 细胞的作用模式模型教具，其特征在于：所述座体内设置有空腔，所述座体底面设置有盖体。

4. 根据权利要求 1 所述的超抗原对 T 细胞的作用模式模型教具，其特征在于：所述两个第一柱体之间采用第二连接杆连接。

5. 根据权利要求 1 所述的超抗原对 T 细胞的作用模式模型教具，其特征在于：所述两个第二柱体之间采用第二连接杆连接。

说明书：

技术领域

[0001] 本实用新型涉及教学用具领域，尤其涉及超抗原对 T 细胞的作用模式模型教具。

背景技术

[0002] 通常，普通蛋白质抗原可激活机体总 T 细胞库中万分之一至百万分之一的 T 细胞。然而，某些物质只需要极低浓度（1～10 ng/mL）即可激活 2%～20% T 细胞克隆，产生极强的免疫应答，这类抗原被称为超抗原（SAg）。与普通蛋白质抗原不同，SAg 的一端可直接与 T 细胞抗原受体（TCR）的 Vβ 链 CDR3 外侧区域结合，以完整蛋白的形式激活 T 细胞，另一端则与抗原提呈细胞表面的 MHC Ⅱ 类分子的抗原结合槽外部结合，因而 SAg 不涉及 Vβ 的 CDRα 的识别及 TCRα 的识别，也不受主要组织相容性复合体（MHC）的限制。SAg 所诱导的 T 细胞应答，其效应并非针对超抗原本身，而是通过分泌大量的细胞因子参与某些病理生理过程的发生与发展。因此，超抗原实际为一类多克隆激活剂。SAg 主要有外源性超抗原和内源性超抗原两类。前者如金黄色葡萄球菌肠毒素 A～E；后者如小鼠乳腺肿瘤病毒蛋白，它表达在细胞表面，作为次要淋巴细胞刺激抗原，刺激 T 细胞增殖。

[0003] 在免疫学中，超抗原是非特异性免疫刺激剂中尤为重要的一部

分。在教学领域一般用示意图来展示超抗原与 MHC 及 TCR 的作用模式，但平面的图片不能够很好地分析其结构，解释其作用过程，所以需要一个三维的模型进行辅助讲解。

发明内容

[0004] 本实用新型的目的是提供一种结构简单、生动形象的超抗原对 T 细胞的作用模式模型教具。

[0005] 为达到上述目的，本实用新型采用的技术方案是：超抗原对 T 细胞的作用模式模型教具，包括两个半圆的座体、四个圆柱形的第一柱体、四个具有弧形开口的圆柱形的第二柱体、四根条状的第一连接杆、十根条状的第二连接杆、一根条状的第三连接杆、一个椭球形的中心体、一根弧形体、一个圆球形插件，所述第一柱体两端各设有一个连接孔、侧面对称设置有两个连接孔，所述第二柱体两端各设有一个连接孔、侧面对称设置有两个连接孔，所述弧形体两端设置有连接杆，所述圆球形插件一端设置有连接杆，所述座体顶面设置有两个连接孔；所述两个座体顶面相对设置，所述四个第二柱体开口相对连接形成中间块，所述第一柱体两两分别连接在所述第二柱体两端，所述四个第一柱体通过所述四根第一连接杆与所述两个座体连接，所述中心体嵌设在所述中间块开口内，所述中间块侧面插设有所述弧形体，所述四个第一柱体的任一个第一柱体侧面插设有插件，远离所述插件的两根第一连接杆之间设置有第三连接杆，所述第一柱体与所述第二柱体之间采用第二连接杆连接。

[0006] 优选的技术方案，所述第一柱体与所述第二柱体的直径相同。

[0007] 优选的技术方案，所述座体内设置有空腔，所述座体底面设置有盖体。

[0008] 上述技术方案中，空腔可收纳第一柱体、第二柱体等其他部件，在教具不使用的时候可以减少丢失的风险。

[0009] 优选的技术方案，所述两个第一柱体之间采用第二连接杆连接。

[0010] 优选的技术方案，所述两个第二柱体之间采用第二连接杆连接。

[0011] 上述技术方案中，位于上部的座体代表抗原提呈细胞，位于底部的座体代表 Th 细胞，弧形体代表超抗原，弧形体连接的上半部分第一柱体与第二柱体的结合体代表 MHC Ⅱ分子，弧形体连接的下半部分第一柱体

与第二柱体的结合体代表 TCR，中心体代表普通抗原肽。

[0012] 由于上述技术方案运用，本实用新型与现有技术相比具有下列优点：

[0013] 本实用新型为拆装式模型教具，结构简单、操作方便、生动形象，可减小包装空间、节约运输成本。

说明书附图

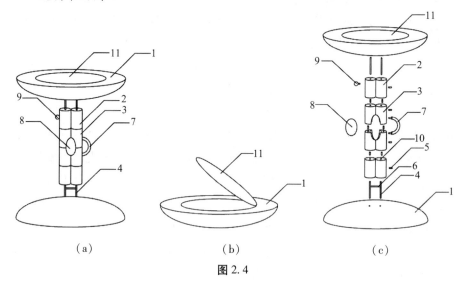

图 2.4

附图说明

[0014] 图 2.4（a）为本实用新型结构示意图。

[0015] 图 2.4（b）为座体结构示意图。

[0016] 图 2.4（c）为本实用新型拆分图。

[0017] 其中：1. 座体；2. 第一柱体；3. 第二柱体；4. 第一连接杆；5. 第二连接杆；6. 第三连接杆；7. 弧形体；8. 中心体；9. 插件；10. 连接孔；11. 盖体。

具体实施方式

[0018] 下面结合附图及实施例对本实用新型作进一步描述。

[0019] 实施例一：

[0020] 如图 2.4 所示，超抗原对 T 细胞的作用模式模型教具，包括两个半圆的座体 1、四个圆柱形的第一柱体 2、四个具有弧形开口的圆柱形的第二柱体 3、四根条状的第一连接杆 4、十根条状的第二连接杆 5、一根条状的第三连接杆 6、一个椭球形的中心体 8、一根弧形体 7、一个圆球形插

件9，第一柱体2两端各设有一个连接孔10、侧面对称设置有两个连接孔10，第二柱体3两端各设有一个连接孔10、侧面对称设置有两个连接孔10，弧形体7两端设置有连接杆，圆球形插件9一端设置有连接杆，座体1顶面设置有两个连接孔10；两个座体1顶面相对设置，四个第二柱体3开口相对连接形成中间块，第一柱体2两两分别连接在第二柱体3两端，四个第一柱体2通过四根第一连接杆4与两个座体1连接，中心体8嵌设在中间块开口内，中间块侧面插设有弧形体7，四个第一柱体2的任一个第一柱体2侧面插设有插件9，远离插件9的两根第一连接杆4之间设置有第三连接杆6，第一柱体2与第二柱体3之间采用第二连接杆5连接。

［0021］第一柱体2与第二柱体3的直径相同。

［0022］座体1内设置有空腔，座体1底面设置有盖体11。

［0023］空腔内可容纳第一柱体2、第二柱体3等其他各个部件。

［0024］两个第一柱体2之间采用第二连接杆5连接。

［0025］两个第二柱体3之间采用第二连接杆5连接。

［0026］在超抗原对T细胞的作用模式模型教具使用时，位于上部的座体1代表超抗原与MHC及TCR的作用模式下的抗原提呈细胞，位于底部的座体1代表Th细胞，弧形体7代表超抗原，弧形体7连接的上半部分第一柱体2与第二柱体3的结合体代表MHCⅡ分子，弧形体7连接的下半部分第一柱体2与第二柱体3的结合体代表TCR，中心体8代表普通抗原肽。

［0027］教学方法：

［0028］通常Th细胞表面的TCR识别与抗原提呈细胞MHCⅡ类分子结合的抗原多肽。TCR的CDR1和CDR2结合MHC分子的多肽区和抗原肽的两端，CDR3结合抗原肽中央的T细胞抗原表位。TCR对这类抗原的识别受MHC限制，且有抗原特异性。而超抗原（SAg）与TCR和MHC结合与普通抗原肽不同，SAg的一端可直接与TCR的Vβ链CDR3外侧区域结合，另一端和MHC类分子的抗原结合槽外部结合。

［0029］通过超抗原对T细胞的作用模式模型教具，一方面可以加深对超抗原的理解。超抗原的化学性质是细菌外毒素、逆转录病毒蛋白等，其一端可直接与TCR的Vβ链结合，另一端与MHCⅡ非多态区结合，不受MHC的限制，以完整蛋白的形式直接刺激T细胞，能激活2%～20%T细胞。超抗原所诱导的T细胞应答，其效应并非针对超抗原本身，而是通过分泌大量的细胞因子而参与某些病理生理过程的发生与发展。

［0030］另一方面也可以通过与普通抗原的比较进一步了解超抗原的生物学意义。超抗原的生物学意义：

［0031］1. 毒性作用及诱导炎症反应：由于超抗原多为病原微生物的代谢产物，可大量激活 T 细胞并诱导细胞因子产生，从而引起休克、多器官功能衰竭等严重临床表现。

［0032］2. 自身免疫病：超抗原可激活体内可能存在（或处于紧闭状态）的自身反应性 T 细胞，从而导致自身免疫病。

［0033］3. 免疫抑制：受超抗原刺激而过度增殖的大量 T 细胞，可被清除或功能上出现超限抑制，从而导致微生物感染后的免疫抑制。

［0034］与普通抗原的相比，超抗原不需要抗原提呈细胞的加工处理直接作用于反应细胞 CD4$^+$T 细胞。

［0035］本实施例为拆装式模型教具，结构简单、操作方便、生动形象，可减小包装空间、节约运输成本。

多价变应原致 IgE 抗体交联活化致敏靶细胞模型教具

专利号： ZL 2016 2 0483469. X

发明人： 赵英伟　牛华　朱越雄　曲春香

摘　要： 本实用新型公开了多价变应原致 IgE 抗体交联活化致敏靶细胞模型教具，包括椭球形的本体，设置在本体上端部的两个形状相同的第一插体、第二插体，分别设置在所述第一插体、第二插体上端部的形状相同的"Y"形的第一连接体、第二连接体，连接所述第一连接体、第二连接体上端部的端体；所述本体上设置有椭球形的嵌体，所述本体上设置有多个内凹的空腔，所述空腔内设置有多个吸附球。本实用新型结构紧凑合理，为拆装式的三维立体结构，更适合教学使用，能充分调动学生的兴趣，提高学生的动手能力，加强学生的记忆。

权利要求书：

1. 一种多价变应原致 IgE 抗体交联活化致敏靶细胞模型教具，其特征在于：包括椭球形的本体，设置在本体上端部的两个形状相同的第一插体、第二插体，分别设置在所述第一插体、第二插体上端部的形状相同的"Y"形的第一连接体、第二连接体，连接所述第一连接体、第二连接体上端部的端体；所述本体上设置有椭球形的嵌体，所述本体上设置有多个内凹的空腔，所述空腔内设置有多个吸附球。

2. 根据权利要求 1 所述的多价变应原致 IgE 抗体交联活化致敏靶细胞模型教具，其特征在于：所述第一插体为一底部设置有第一插杆、上端设置有第一凹槽的长方体，所述第二插体为一底部设置有第二插杆、上端设置有第二凹槽的长方体。

3. 根据权利要求 1 所述的多价变应原致 IgE 抗体交联活化致敏靶细胞模型教具，其特征在于：所述第一连接体由三根连接杆组成。

4. 根据权利要求 1 所述的多价变应原致 IgE 抗体交联活化致敏靶细胞模型教具，其特征在于：所述端体为一下表面设置有四个球形凸起，上表面设置有四个三角凸起和一个球形凸起的椭球体。

5. 根据权利要求 4 所述的多价变应原致 IgE 抗体交联活化致敏靶细胞模型教具，其特征在于：所述第一连接体、第二连接体上端部设置有与所述球形凸起相配合的卡槽。

6. 根据权利要求 1 所述的多价变应原致 IgE 抗体交联活化致敏靶细胞模型教具，其特征在于：所述空腔及所述吸附球具有磁性，所述吸附球吸附在所述空腔内壁上。

说明书：

技术领域

[0001] 本实用新型涉及教学用具领域，具体涉及一种可拆卸的三维立体的多价变应原致 IgE 抗体交联活化致敏靶细胞模型教具。

背景技术

[0002] 超敏反应是指机体受到某些抗原刺激时，出现生理功能紊乱或组织细胞损伤的异常适应性免疫应答。超敏反应又常被称为变态反应。

[0003] I 型超敏反应主要由特异性 IgE 抗体介导产生，可发生于局部，也可发生于全身。其主要特征是：超敏反应发生快，消退也快；常引起生理功能紊乱，几乎不发生严重组织细胞损伤；具有明显个体差异和遗传倾向。

[0004] 变应原是指能够选择性诱导机体产生特异性 IgE 抗体的免疫应答，引起速发型变态反应的抗原物质。针对某种变应原的特异性 IgE 抗体是引起 I 型超敏反应的主要因素。IgE 为亲细胞抗体，可通过其 Fc 段与肥大细胞和嗜碱性粒细胞表面的高亲和力 IgE Fc 受体（FcεR I）结合，而使机体处于致敏状态。

［0005］变应原进入机体后，可选择诱导变应原特异性 B 细胞产生 IgE 类抗体应答。IgE 抗体与 IgG 类抗体不同，它可在不结合抗原的情况下，以其 Fc 段与肥大细胞或嗜碱性粒细胞表面相应的 FcεR I 结合，而使机体处于对该变应原的致敏状态。表面结合特异性 IgE 的肥大细胞和嗜碱性粒细胞，称为致敏的肥大细胞和致敏的嗜碱性粒细胞。处于对某变应原致敏状态的机体再次接触相同变应原时，变应原与致敏的肥大细胞或嗜碱性粒细胞表面 IgE 抗体特异性结合。研究表明，单独 IgE 同 FcεR I 的结合，并不能刺激细胞活化；只有变应原与致敏细胞表面的 2 个或 2 个以上相邻 IgE 抗体结合，并与 FcεR I 交联成复合物，才能启动活化信号。活化信号通过 FcεR I 中的 β 链和 γ 链胞质区 ITAM 所引发，通过多种酶的刺激，使 NFAT 和 AP-1 转录因子活化，钙离子内流，导致细胞生物学活性介质的释放。释放的介导 I 型超敏反应的生物活性介质包括两类，即预先形成储备在颗粒内的介质，主要为组织胺和激肽原酶；以及细胞活化后新合成的介质，包括白三烯、前列腺素 D2、血小板活化因子及多种细胞因子。活化的肥大细胞或嗜碱性粒细胞释放的生物活性介质作用于效应组织和器官，引起局部或全身性的过敏反应。

［0006］在医学教学领域，深入了解多价变应原致 IgE 抗体交联活化致敏靶细胞的研究对理解 I 型超敏反应的发生原理具有重要意义，传统教学中常采用示意图来展示多价变应原致 IgE 抗体交联活化致敏靶细胞，图片的局限性无法生动体现其原理，不能达到理想的教学效果。

发明内容

［0007］本实用新型的目的是提供一种结构紧凑合理的可拆卸的三维立体的多价变应原致 IgE 抗体交联活化致敏靶细胞模型教具。

［0008］为达到上述目的，本实用新型采用的技术方案是：多价变应原致 IgE 抗体交联活化致敏靶细胞模型教具，包括椭球形的本体，设置在本体上端部的两个形状相同的第一插体、第二插体，分别设置在所述第一插体、第二插体上端部的形状相同的"Y"形的第一连接体、第二连接体，连接所述第一连接体、第二连接体上端部的端体；所述本体上设置有椭球形的嵌体，所述本体上设置有多个内凹的空腔，所述空腔内设置有多个吸附球。

［0009］优选的技术方案，所述第一插体为一底部设置有第一插杆、上端设置有第一凹槽的长方体，所述第二插体为一底部设置有第二插杆、上

端设置有第二凹槽的长方体。

[0010] 上述技术方案中，第一插体通过第一插杆固定设置在所述本体上，第二插体通过第二插杆固定设置在所述本体上。

[0011] 优选的技术方案，所述第一连接体由三根连接杆组成。

[0012] 优选的技术方案，所述端体为一下表面设置有四个球形凸起，上表面设置有四个三角凸起和一个球形凸起的椭球体。

[0013] 上述技术方案中，端体上表面的球形凸起设置在四个三角凸起的中间。

[0014] 进一步技术方案，所述第一连接体、第二连接体上端部设置有与所述球形凸起相配合的卡槽。

[0015] 优选的技术方案，所述空腔及所述吸附球具有磁性，所述吸附球吸附在所述空腔内壁上。

[0016] 本实用新型的工作原理：

[0017] 本体代表多价变应原致 IgE 抗体交联活化致敏靶细胞中的肥大细胞或嗜碱性粒细胞；第一插体、第二插体代表 FcεRⅠ；第一连接体、第二连接体代表 IgE；端体代表变应原；嵌体代表肥大细胞或嗜碱性粒细胞的细胞核；空腔代表含有生物活性介质的颗粒；吸附球代表活化的肥大细胞或嗜碱性粒细胞释放的生物活性介质，包括预先形成并储备的生物活性介质（组织胺和激肽原酶）以及细胞活化后新合成的生物活性介质（白三烯、前列腺素 D2、血小板活化因子及多种细胞因子）。

[0018] 由于上述技术方案的运用，本实用新型与现有技术相比具有下列优点：

[0019] 本实用新型结构简单合理，为拆装式的三维立体结构，更适合教学使用，能充分调动起学生的兴趣及提高学生的动手能力，从而加深学生对多价变应原结合肥大细胞或嗜碱性粒细胞表面 IgE 抗体使其交联而活化细胞过程的记忆。

说明书附图

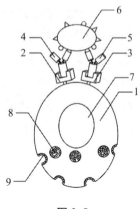

图 2.5

附图说明

[0020] 图 2.5 为本实用新型实施例一结构示意图。

[0021] 其中：1. 本体；2. 第一插体；3. 第二插体；4. 第一连接体；5. 第二连接体；6. 端体；7. 嵌体；8. 空腔；9. 吸附球。

具体实施方式

[0022] 下面结合附图及实施例对本实用新型作进一步描述：

[0023] 实施例一：

[0024] 如图 2.5 所示，多价变应原致 IgE 抗体交联活化致敏靶细胞模型教具，包括椭球形的本体 1，设置在本体 1 上端部的两个形状相同的第一插体 2、第二插体 3，分别设置在第一插体 2、第二插体 3 上端部的形状相同的"Y"形的第一连接体 4、第二连接体 5，连接第一连接体 4、第二连接体 5 上端部的端体 6；本体 1 上设置有椭球形的嵌体 7，本体 1 上设置有多个内凹的空腔 8，空腔 8 内设置有多个吸附球 9。

[0025] 第一插体 2 为一底部设置有第一插杆、上端设置有第一凹槽的长方体，第二插体 3 为一底部设置有第二插杆、上端设置有第二凹槽的长方体。

[0026] 第一插体 2 通过第一插杆固定设置在本体 1 上，第二插体 3 通过第二插杆固定设置在本体 1 上。

[0027] 第一连接体 4 由三根连接杆组成。

[0028] 端体 6 为一下表面设置有四个球形凸起，上表面设置有四个三角凸起和一个球形凸起的椭球体。

［0029］ 端体 6 上表面的球形凸起设置在四个三角凸起的中间。

［0030］ 第一连接体 4、第二连接体 5 上端部设置有与球形凸起相配合的卡槽。

［0031］ 空腔 8 及吸附球 9 具有磁性，吸附球 9 吸附在空腔 8 内壁上。

［0032］ 本实施例的使用方法：

［0033］ 在教师进行教学讲解时，本体 1 代表多价变应原致 IgE 抗体交联活化致敏靶细胞中的肥大细胞或嗜碱性粒细胞；第一插体 2、第二插体 3 代表 FcεR I；第一连接体 4、第二连接体 5 代表 IgE；端体 6 代表变应原；嵌体 7 代表肥大细胞或嗜碱性粒细胞的细胞核；空腔 8 代表含有生物活性介质的颗粒；吸附球 9 代表活化的肥大细胞或嗜碱性粒细胞释放的生物活性介质，包括预先形成并储备的生物活性介质（组织胺和激肽原酶）以及细胞活化后新合成的生物活性介质（白三烯、前列腺素 D2、血小板活化因子及多种细胞因子）。

［0034］ 本实施例为可拆装形式，能提高学生的动手能力，能展现 I 型超敏反应发生原理的结构特征，能加深学生的记忆。

AICD 引起激活的淋巴细胞发生克隆性凋亡模型教具

专利号： ZL 2015 2 0308220.0

发明人： 赵英伟　朱越雄　牛华

摘　要： 本实用新型公开了一种 AICD 引起激活的淋巴细胞发生克隆性凋亡模型教具，包括球形的第一本体、立方体形的第二本体、椭球形的第三本体、具有开口的连接体、半球形的结合体，第一本体上均匀设置有多个插孔，第一本体上连接有第一插杆，第一本体上连接有第一插体，第二本体上设置有一个插孔，第三本体上设置有多个插孔，第三本体上连接有第二插杆，第三本体上连接有第二插体，第一插杆末端设置有半圆形凹槽，第二插杆末端设置有半圆形凹槽，第一插杆与第二插杆相对设置，第一插杆与第二插杆连接形成的圆形凹槽内设置有球形的嵌体。本实用新型结构简单，为三维立体拆装结构，能生动形象地展示 AICD 引起激活的淋巴细胞发生克隆性凋亡过程。

权利要求书：

1. 一种 AICD 引起激活的淋巴细胞发生克隆性凋亡模型教具，其特征在于：包括球形的第一本体、立方体形的第二本体、椭球形的第三本体、具有开口的连接体、半球形的结合体，所述第一本体上均匀设置有多个插孔，所述第一本体上连接有第一插杆，所述第一本体上连接有第一插体，所述第二本体上设置有一个插孔，所述第三本体上设置有多个插孔，所述第三本体上连接有第二插杆，所述第三本体上连接有第二插体，所述第一插杆末端设置有半圆形凹槽，所述第二插杆末端设置有半圆形凹槽，所述第一插杆与所述第二插杆相对设置，所述第一插杆与所述第二插杆连接形成的圆形凹槽内设置有球形的嵌体。

2. 根据权利要求 1 所述的 AICD 引起激活的淋巴细胞发生克隆性凋亡模型教具，其特征在于：所述第一插体为一端设置有插杆的椭球体。

3. 根据权利要求 1 所述的 AICD 引起激活的淋巴细胞发生克隆性凋亡模型教具，其特征在于：所述第二插体为一端设置有插杆的倒圆台体。

4. 根据权利要求 3 所述的 AICD 引起激活的淋巴细胞发生克隆性凋亡模型教具，其特征在于：所述第二插体末端设置有与所述第一插体外形相配合的凹槽。

5. 根据权利要求 1 所述的 AICD 引起激活的淋巴细胞发生克隆性凋亡模型教具，其特征在于：所述连接体的开口形状与所述结合体的外形相配合。

6. 根据权利要求 1 所述的 AICD 引起激活的淋巴细胞发生克隆性凋亡模型教具，其特征在于：所述连接体设置有 3 个，所述 3 个连接体分别通过插杆插设在所述第一本体、第二本体、第三本体上。

7. 根据权利要求 1 所述的 AICD 引起激活的淋巴细胞发生克隆性凋亡模型教具，其特征在于：所述结合体设置有多个。

8. 根据权利要求 1 所述的 AICD 引起激活的淋巴细胞发生克隆性凋亡模型教具，其特征在于：所述第一插体、第一插杆分别通过插杆插设在所述第一本体上。

9. 根据权利要求 1 所述的 AICD 引起激活的淋巴细胞发生克隆性凋亡模型教具，其特征在于：所述第二插体、第二插杆分别通过插杆插设在所述第三本体上。

说明书：

技术领域

[0001] 本实用新型涉及教学用具领域，具体涉及 AICD 引起激活的淋巴细胞发生克隆性凋亡模型教具。

背景技术

[0002]　AICD（activation-induced cell death）即活化诱导的细胞死亡，具有免疫调节作用，这种调节作用通过 T 细胞和 B 细胞或 T 细胞和 T 细胞之间的 Fas 分子和 FasL 的结合，启动 AICD。Fas 分子一旦和配体 FasL 结合，可启动死亡信号转导，最终引起细胞凋亡。Fas 作为一种普遍表达的受体分子，可以出现在包括淋巴细胞在内的多种细胞表面，但 FasL 的大量表达通常只见于活化的 T 细胞（特别是活化的 CTL）和 NK 细胞，因而已被激活的 CTL 往往能够最有效地以凋亡途径杀伤表达 Fas 分子的靶细胞。

[0003]　被抗原激活而大量表达 FasL 的效应性 CTL，在采用所分泌的 FasL 杀伤 Fas 阳性的靶细胞之后，对于同样表达 Fas 分子的 T、B 淋巴细胞，必然存在自我杀伤的潜在危险。这是一种活化的 T、B 细胞同时被清除的一种自杀程序，称为 AICD。显然，被清除的不是所有的淋巴细胞，仅仅是被抗原活化并发生克隆扩增的那一小部分。因而 AICD 属于一类高度特异性的生理性反馈调节，通过这种生理性反馈调节作用以维持免疫自稳。其目标是限制抗原特异淋巴细胞克隆的容量。在这个意义上，淋巴细胞一旦被激活，也就为自身的死亡创造了条件。

[0004]　Fas 分子和 FasL 结合引发死亡信号的传导，是 CTL 和 NK 细胞杀伤的机制之一，同时也可杀伤活化的 T、B 细胞，通过 T 细胞和 B 细胞或 T 细胞和 T 细胞之间的 Fas 分子和 FasL 的结合，启动 AICD，使自身反应性 T 细胞或 B 细胞被清除，下调细胞免疫和体液免疫。这种负反馈效应具有明显的克隆依赖性。

[0005]　AICD 的失效可引发临床疾病：Fas 或 FasL 基因发生突变后，可因其产物无法相互配接而不能启动死亡信号转导，反馈调节难以奏效。Fas 或 FasL 发生突变无法通过 AICD 启动细胞克隆收缩，从而引起自身免疫性淋巴细胞增生综合症。例如，对于不断受到自身抗原刺激的淋巴细胞克隆，反馈调节无效、细胞增殖失控，形成一群病理性自身反应性淋巴细胞，引起淋巴结和脾脏肿大，产生大量自身抗体，呈现 SLE 样的全身性反应。

[0006]　在免疫学中，AICD 引起激活的淋巴细胞发生克隆性凋亡是免疫调节尤为重要的一部分。在教学领域一般用示意图来展示 AICD 引起激活的淋巴细胞发生克隆性凋亡，由于这是一个凋亡的过程，用平面的图片不能够很好地演示、分析及讲解，所以需要一个三维的模型进行辅助讲解。

发明内容

［0007］本实用新型的目的是提供一种结构简单、生动形象的三维拼装 AICD 引起激活的淋巴细胞发生克隆性凋亡的模型教具。

［0008］为达到上述目的，本实用新型采用的技术方案是：AICD 引起激活的淋巴细胞发生克隆性凋亡模型教具，包括球形的第一本体、立方体形的第二本体、椭球形的第三本体、具有开口的连接体、半球形的结合体，所述第一本体上均匀设置有多个插孔，所述第一本体上连接有第一插杆，所述第一本体上连接有第一插体，所述第二本体上设置有一个插孔，所述第三本体上设置有多个插孔，所述第三本体上连接有第二插杆，所述第三本体上连接有第二插体，所述第一插杆末端设置有半圆形凹槽，所述第二插杆末端设置有半圆形凹槽，所述第一插杆与所述第二插杆相对设置，所述第一插杆与所述第二插杆连接形成的圆形凹槽内设置有球形的嵌体。

［0009］上述技术方案中，所述第一插体为一端设置有插杆的椭球体，所述第二插体为一端设置有插杆的倒圆台体，所述第二插体末端设置有与所述第一插体外形相配合的凹槽。

［0010］优选的技术方案，所述连接体设置有 3 个，所述 3 个连接体分别通过插杆插设在所述第一本体、第二本体、第三本体上。

［0011］所述结合体设置有多个。

［0012］所述连接体的开口形状与所述结合体的外形相配合。

［0013］优选的技术方案，所述第一插体、第一插杆分别通过插杆插设在所述第一本体上。

［0014］所述第二插体、第二插杆分别通过插杆插设在所述第三本体上。

［0015］本实用新型的工作原理：

［0016］第一本体代表 AICD 引起激活的淋巴细胞发生克隆性凋亡过程中的 Th 细胞，第二本体代表 T 细胞，第三本体代表 B 细胞，连接体代表 Fas，结合体代表 FasL，第一插体代表 CD40L，第二插体代表 CD40，第一插杆代表 TCR，第二插杆代表 MHC 分子，嵌体代表抗原肽。

［0017］Th 细胞（第一本体）被活化后就可以产生 FasL（结合体）；FasL（结合体）可以是结合在细胞表面的，也可以是游离的；无论是哪一种 FasL（结合体），都可以和 Fas 分子（连接体）结合；Fas 分子（连接体）存在于 T 细胞（第二本体）、Th 细胞（第一本体）和 B 细胞表面（第

三本体）；FasL（结合体）和 Fas 分子（连接体）结合后导致细胞死亡；FasL（结合体）和 Fas 分子（连接体）结合后导致 T 细胞（第二本体）凋亡；FasL（结合体）和 Fas 分子（连接体）结合后导致 Th 细胞（第一本体）凋亡；因为 FasL（结合体）是来源于自身细胞，所以叫自杀。FasL（结合体）和 Fas 分子（连接体）结合后导致 B 细胞（第三本体）凋亡；因为 FasL（结合体）是来源于 Th 细胞（第一本体），所以叫他杀。

[0018] 基于上述 AICD 引起激活的淋巴细胞发生克隆性凋亡过程，讲述人员可以运用本实用新型中的各部件进行组合插接，以生动形象地讲解整个过程。

[0019] 由于上述技术方案运用，本实用新型与现有技术相比具有下列优点：

[0020] 本实用新型结构简单，为三维立体拆装结构，能生动形象地展示 AICD 引起激活的淋巴细胞发生克隆性凋亡过程。

说明书附图

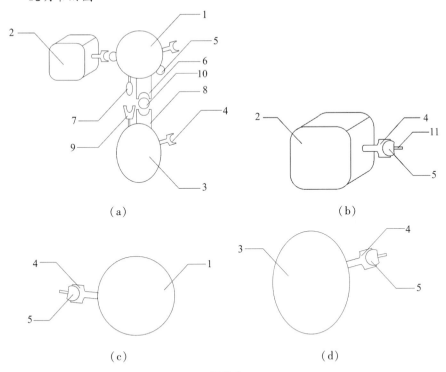

图 2.6

附图说明

[0021] 图 2.6（a）为本实用新型结构示意图。

[0022] 图 2.6（b）为 T 细胞凋亡图。

[0023] 图 2.6（c）为 Th 细胞凋亡图。

[0024] 图 2.6（d）为 B 细胞凋亡图。

[0025] 其中：1. 第一本体；2. 第二本体；3. 第三本体；4. 连接体；5. 结合体；6. 第一插杆；7. 第一插体；8. 第二插杆；9. 第二插体；10. 嵌体；11. 插杆。

具体实施方式

[0026] 下面结合附图及实施例对本实用新型作进一步描述：

[0027] 实施例一：

[0028] 如图 2.6（a）所示，AICD 引起激活的淋巴细胞发生克隆性凋亡模型教具，包括球形的第一本体 1、立方体形的第二本体 2、椭球形的第三本体 3、具有开口的连接体 4、半球形的结合体 5，连接体 4 的开口形状与结合体 5 的外形相配合。

[0029] 第一本体 1 上均匀设置有五个插孔，分别插设有第一插杆 6、第一插体 7、连接体 4 及两个结合体 5，第一插杆 6 末端设置有半圆形凹槽，第一插体 7 为一端设置有插杆 11 的椭球体。第一插体 7、第一插杆 6、连接体 4 及两个结合体 5 分别通过插杆 11 插设在第一本体 1 上。

[0030] 第二本体 2 上设置有一个插孔，插设有连接体 4。连接体 4 通过插杆 11 插设在第二本体 2 上。

[0031] 第三本体 3 上设置有三个插孔，分别插设有第二插杆 8、第二插体 9、连接体 4。第二插体 9 为一端设置有插杆 11 的倒圆台形。第二插体 9 末端设置有与第一插体 7 外形相配合的凹槽。第二插体 9、第二插杆 8、连接体 4 分别通过插杆 11 插设在第三本体 3 上。

[0032] 第一插杆 6 与第二插杆 8 相对设置，第一插杆 6 与第二插杆 8 连接形成的圆形凹槽内设置有球形的嵌体 10。

[0033] 本实施例使用方法：

[0034] 第一本体 1 代表 AICD 引起激活的淋巴细胞发生克隆性凋亡过程中的 Th 细胞，第二本体 2 代表 T 细胞，第三本体 3 代表 B 细胞，连接体 4 代表 Fas，结合体 5 代表 FasL，第一插体 7 代表 CD40L，第二插体 9 代表 CD40，第一插杆 6 代表 TCR，第二插杆 8 代表 MHC 分子，嵌体 10 代表抗

原肽。

[0035] 1. 将两个结合体 5 插设在第一本体 1 上，用以表示 Th 细胞（第一本体 1）被活化后就可以产生 FasL（结合体 5）。

[0036] 2. 将结合体 5 从第一本体 1 上拔出，用以表示 FasL（结合体 5）可以是结合在细胞表面的，也可以是游离的；无论是哪一种 FasL（结合体 5），都可以和 Fas 分子（连接体 4）结合。

[0037] 3. 将三个连接体 4 分别插设在第一本体 1、第二本体 2、第三本体 3 上，用以表示 Fas 分子（连接体 4）存在于 T 细胞（第二本体 2）、Th 细胞（第一本体 1）和 B 细胞表面（第三本体 3）。

[0038] 4. FasL（结合体 5）和 Fas 分子（连接体 4）结合后导致细胞死亡。

[0039] 5. 如图 2.6（b）所示，将结合体 5 嵌设在第二本体 2 上的连接体 4 内，用以表示 FasL（结合体 5）和 Fas 分子（连接体 4）结合后导致 T 细胞（第二本体 2）凋亡。

[0040] 6. 如图 2.6（c）所示，将结合体 5 嵌设在第一本体 1 上的连接体 4 内，用以表示 FasL（结合体 5）和 Fas 分子（连接体 4）结合后导致 Th 细胞（第一本体 1）凋亡；因为 FasL（结合体 5）来源于自身细胞，所以叫自杀。

[0041] 7. 如图 2.6（d）所示，将结合体 5 嵌设在第三本体 3 上的连接体 4 内，FasL（结合体 5）和 Fas 分子（连接体 4）结合后导致 B 细胞（第三本体 3）凋亡；因为 FasL（结合体 5）来源于 Th 细胞（第一本体 1），所以叫他杀。

[0042] 基于上述 AICD 引起激活的淋巴细胞发生克隆性凋亡过程，讲述人员可以运用本实施例中的各部件进行组合插接，以生动形象地讲解整个过程。

[0043] 本实施例结构简单，为三维立体拆装结构，能生动形象地展示 AICD 引起激活的淋巴细胞发生克隆性凋亡过程。

荧光共振能量转移模型教具

专利号： ZL 2015 2 0695143.9

发明人： 曹广力　朱越雄

摘　要： 本实用新型公开了一种荧光共振能量转移模型教具，包括底座、第一连接座、第二连接座、连接杆、四根发光条，第一连接座包括方形的插座、椭球体形的本体，底座上设置有一与插座相配合的凹槽，连接杆连接底座和第二连接座；底座内设置有电源，凹槽内设置有第一电极对接口，第一连接座底部设置有第一电极插头，连接杆顶端设置有第二电极对接口，第二连接座底部设置有第二电极插头，本体上设置有两个电极对接口，第二连接座上设置有两个电极对接口，发光条插接在第一连接座及第二连接座的电极对接口内。本实用新型结构简单灵活，设置了 LED 发光条，可以使模型更加灵活形象。

权利要求书：

1. 一种荧光共振能量转移模型教具，其特征在于：包括底座、第一连接座、第二连接座、连接杆、四根发光条，所述第一连接座包括方形的插座、椭球体形的本体，所述底座上设置有一与所述插座相配合的凹槽，所述连接杆连接所述底座和第二连接座；所述底座内设置有电源，所述凹槽内设置有第一电极对接口，所述第一连接座底部设置有第一电极插头，所述连接杆顶端设置有第二电极对接口，所述第二连接座底部设置有第二电极插头，所述本体上设置有两个电极对接口，所述第二连接座上设置有两个电极对接口，所述发光条插接在所述第一连接座及第二连接座的电极对接口内。

2. 根据权利要求 1 所述的荧光共振能量转移模型教具，其特征在于：所述第一电极对接口、第二电极对接口通过电路与所述电源连接。

3. 根据权利要求 1 所述的荧光共振能量转移模型教具，其特征在于：所述发光条包括 LED 灯带及电极插头。

4. 根据权利要求 1 所述的荧光共振能量转移模型教具，其特征在于：所述底座上设置有电源开关。

说明书：

技术领域

[0001] 本实用新型涉及教学用具领域，具体涉及荧光共振能量转移模型教具。

背景技术

[0002] 荧光共振能量转移（FRET）技术是用来检测活细胞内两种蛋白质分子是否直接相互作用的重要手段。其基本原理是：在一定波长的激发光照射下，只有携带发光基团 A 的供体分子可被激发出波长为 A 的荧光，而同一激发光不能激发携带发光基团 B 的受体分子发出波长为 B 的荧光。然而，当供体所发出的荧光光谱 A 与受体上的发光基团的吸收光谱 B 相互重叠，并且两个发光基团之间的距离小到一定程度时，就会发生不同程度的能量转移，即受体分子的发光基团吸收了供体所发出的荧光，结果受体分子放出了波长为 B 的荧光，这种现象称为 FRET 现象。在体内，如果两个蛋白质分子的距离在 10 nm 之内，就可能发生 FRET 现象，由此认为这两个蛋白质存在着直接的相互作用。FRET 技术用于检测体内两种蛋白质之间是否存在直接的相互作用。

[0003] 在教学领域一般用示意图来展示荧光共振能量转移原理，但平面的图片不能够很好地分析其结构，解释其作用过程，所以需要一个三维的模型进行辅助讲解。

发明内容

[0004] 本实用新型的目的是提供一种结构简单、生动形象的荧光共振能量转移模型教具。

[0005] 为达到上述目的，本实用新型采用的技术方案是：荧光共振能量转移模型教具，包括底座、第一连接座、第二连接座、连接杆、四根发光条，所述第一连接座包括方形的插座、椭球体形的本体，所述底座上设置有一与所述插座相配合的凹槽，所述连接杆连接所述底座和第二连接座；所述底座内设置有电源，所述凹槽内设置有第一电极对接口，所述第一连接座底部设置有第一电极插头，所述连接杆顶端设置有第二电极对接口，所述第二连接座底部设置有第二电极插头，所述本体上设置有两个电极对接口，所述第二连接座上设置有两个电极对接口，所述发光条插接在所述第一连接座及第二连接座的电极对接口内。

[0006] 优选的技术方案，所述第一电极对接口、第二电极对接口通过

电路与所述电源连接。

[0007] 优选的技术方案，所述发光条包括 LED 灯带及电极插头。

[0008] 上述技术方案中，LED 灯带可以采用多种不同颜色的灯带。

[0009] 优选的技术方案，所述底座上设置有电源开关。

[0010] 由于上述技术方案的运用，本实用新型与现有技术相比具有下列优点：

[0011] 本实用新型结构简单灵活，设置了 LED 发光条，可以使模型更加灵活形象。

说明书附图

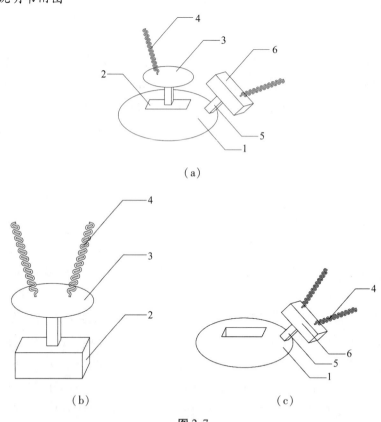

图 2.7

附图说明

[0012] 图 2.7（a）为本实用新型结构示意图。

[0013] 图 2.7（b）为第一连接座结构示意图。

[0014] 图 2.7（c）为底座和第二连接座结构示意图。

［0015］其中：1. 底座；2. 插座；3. 本体；4. 发光条；5. 连接杆；6. 第二连接座。

具体实施方式

［0016］下面结合附图及实施例对本实用新型作进一步描述：

［0017］实施例一：

［0018］如图2.7所示，荧光共振能量转移模型教具，包括底座1、第一连接座、第二连接座6、连接杆5、四根发光条4，第一连接座包括方形的插座2、椭球体形的本体3，底座1上设置有一与插座2相配合的凹槽，连接杆5连接底座1和第二连接座6；底座1内设置有电源，凹槽内设置有第一电极对接口，第一连接座底部设置有第一电极插头，连接杆5顶端设置有第二电极对接口，第二连接座6底部设置有第二电极插头，本体3上设置有两个电极对接口，第二连接座6上设置有两个电极对接口，发光条4插接在第一连接座及第二连接座6的电极对接口内。

［0019］第一电极对接口、第二电极对接口通过电路与电源连接。

［0020］发光条4包括LED灯带及电极插头。

［0021］底座1上设置有电源开关。

［0022］底座1底部设置有电池盒，可存放电池。

［0023］本体3内也设置有电源。

［0024］使用方法：

［0025］FRET技术用于检测体内两种蛋白质之间是否存在直接的相互作用。

［0026］选择蓝色荧光蛋白（CFP）和黄色荧光蛋白（YFP）的基因分别与目的蛋白（或称供体蛋白和受体蛋白）的基因融合表达。如果这两个融合蛋白之间的距离大于10 nm时，在一定波长的激发光照射下，只有供体蛋白中的CFP被激发，放出蓝色荧光。如果这两个融合蛋白之间的距离在5~10 nm的范围内时，供体蛋白中CFP发出的荧光应该可以被受体蛋白中的YFP所吸收，并激发YFP发出黄色荧光。此时可以通过测量CFP的荧光强度的损失量来判断这两个蛋白是否存在相互作用。两个蛋白距离越近，CFP所发出的荧光被YFP接收的量就越多，检测器所接收到的蓝色荧光就越弱，而黄色荧光就越强。反之就不会出现FRET现象。荧光共振能量转移的效率在很大程度上反映了细胞内两种蛋白相互作用的可能性与作用的强弱。

［0027］ 第一连接座代表蓝色荧光蛋白（CFP），底座 1 与第二连接座 6 代表黄色荧光蛋白（YFP），发光条 4 代表激发光及荧光。

［0028］ 在本体 3 上电极对接口内插设两条发光条 4，一条为紫色光 430 nm 激发光 A，一条为蓝色光 490 nm 荧光 B，用以展示"这两个融合蛋白之间的距离大于 10 nm 时，在一定波长的激发光照射下，只有供体蛋白中的 CFP 被激发，放出蓝色荧光"。将第一连接座与第二连接座 6 插接在底座 1 上，在本体 3 上插设一条紫色发光条 4，在第二连接座 6 上插设一条黄色发光条 4，用以展示"两个融合蛋白之间的距离在 5～10 nm 的范围内时，供体蛋白中 CFP 发出的荧光应该可以被受体蛋白中的 YFP 所吸收，并激发 YFP 发出黄色荧光"。

加拉帕戈斯地雀系统树模型教具

专利号：2014 2 0100407.7

发明人：朱越雄　曹广力　顾福根

摘　要：本实用新型公开了一种加拉帕戈斯地雀系统树模型教具，包括底盘、设置在所述底盘上的支撑架及设置在所述支撑架上的标示牌。本实用新型结构简单、层次分明、拆装灵活、形象生动、生产工艺简单、成本低廉。

权利要求书：

1. 加拉帕戈斯地雀系统树模型教具，其特征在于：包括底盘、设置在所述底盘上的支撑架及设置在所述支撑架上的标示牌，所述支撑架包括设置在所述底盘上的主支架、所述主支架顶部分叉形成的两条第一分支架、所述第一分支架一端分叉形成的两条第二分支架及所述第一分支架另一端分叉形成的两条第十二分支架、所述第二分支架一端分叉形成的三条第三分支架及所述第二分支架另一端分叉形成的两条第四分支架、所述第三分支架一端分叉形成的两条第五分支架及所述第三分支架另一端分叉形成的两条第六分支架、所述第四分支架一端分叉形成的两条第七分支架、所述第五分支架分叉形成的两条第八分支架、所述第七分支架一端分叉形成的两条第九分支架及所述第七分支架另一端分叉形成的两条第十分支架、所述第九分支架一端分叉形成的两条第十一分支架。

2. 根据权利要求 1 所述的加拉帕戈斯地雀系统树模型教具，其特征在于：所述标示牌设置在所述支撑架的顶端。

说明书：

技术领域

[0001] 本实用新型涉及教学用具领域，尤其涉及一种加拉帕戈斯地雀系统树模型教具。

背景技术

[0002] 加拉帕戈斯群岛是火山岛，是位于太平洋中远离大陆的一个群岛，也是世界公认的一个大自然生物进化的"实验室"。达尔文所描述的加拉帕戈斯地雀是鸟类中一个独特的类群，属雀形目小鸟，对这些鸟的研究促使达尔文提出了自然选择进化学说。现在这些鸟已被统称为达尔文地雀。在研究生物进化时，远岛动物虽然数量很小，但所起的作用却很大。原因是可以在没有外力干扰的情况下，研究岛上动物的进化过程和进化结果，而加拉帕戈斯地雀就是这方面研究的一个最好实例。达尔文将这些加拉帕戈斯地雀标本带回英国，经过分类学家和鸟类学家鉴定，认为都是以前从未见过的新物种。加拉帕戈斯群岛总共栖息着13种达尔文地雀，外加栖息在加拉帕戈斯群岛东北的 Cocos 岛上的一种共14种。达尔文根据在加拉帕戈斯群岛的野外观察研究和对博物馆标本的研究发现加拉帕戈斯地雀的进化及适应性辐射与其他鸟类和动物的进化有着共通性。

[0003] 14种加拉帕戈斯地雀属于四个主要的类型：地栖地雀（包括6种）、树栖地雀（包括6种）、莺型地雀（1种）和单独栖息在 Cocos 岛上的一种地雀。这些地雀以食性和喙的差异作为主要适应结果和分辨体系。

[0004] 在教学领域一般用加拉帕戈斯地雀系统树示意图，但平面的图片不能很好地展示加拉帕戈斯地雀系统树的结构，在讲解时也缺乏生动性，所以需要一个三维的模型进行辅助讲解。

发明内容

[0005] 本实用新型的目的是提供一种结构简单、生动形象的加拉帕戈斯地雀系统树模型教具。

[0006] 为达到上述目的，本实用新型采用的技术方案是：加拉帕戈斯地雀系统树模型教具，包括底盘、设置在所述底盘上的支撑架及设置在所述支撑架上的标示牌。

[0007] 优选的技术方案，所述支撑架包括设置在所述底盘上的主支架、所述主支架顶部分叉形成的两条第一分支架、所述第一分支架一端分

叉形成的两条第二分支架及所述第一分支架另一端分叉形成的两条第十二分支架、所述第二分支架一端分叉形成的三条第三分支架及所述第二分支架另一端分叉形成的两条第四分支架、所述第三分支架一端分叉形成的两条第五分支架及所述第三分支架分叉形成的两条第六分支架、所述第四分支架一端分叉形成的两条第七分支架、所述第五分支架分叉形成的两条第八分支架、所述第七分支架一端分叉形成的两条第九分支架及所述第七分支架另一端分叉形成的两条第十分支架、所述第九分支架一端分叉形成的两条第十一分支架。

[0008] 进一步技术方案，所述标示牌设置在所述支撑架的顶端。

[0009] 上述技术方案中，标示牌可以根据具体地雀的不同制作成形象的地雀模型，或者在标示牌上粘贴或印刷地雀图样。

[0010] 由于上述技术方案的运用，本实用新型与现有技术相比具有下列优点：

[0011] 本实用新型为拆装结构，在教学时，可以提高学生的动手能力及记忆力，并且拆装结构减小了包装空间，节约了运输成本。

说明书附图

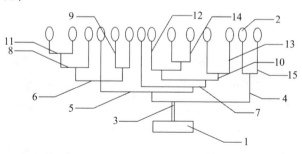

图 2.8

附图说明

[0012] 图 2.8 为本实用新型结构示意图。

[0013] 其中：1. 底盘；2. 标示牌；3. 主支架；4. 第一分支架；5. 第二分支架；6. 第三分支架；7. 第四分支架；8. 第五分支架；9. 第六分支架；10. 第七分支架；11. 第八分支架；12. 第九分支架；13. 第十分支架；14. 第十一分支架；15. 第十二分支架。

具体实施方式

[0014] 下面结合附图及实施例对本实用新型作进一步描述：

[0015] 实施例一：

[0016] 如图2.8所示，加拉帕戈斯地雀系统树模型教具，包括底盘1、设置在底盘1上的支撑架及设置在支撑架上的标示牌2。

[0017] 支撑架包括设置在底盘1上的主支架3，主支架3顶部分叉形成的两条第一分支架4，第一分支架4一端分叉形成的两条第二分支架5及所述第一分支架4另一端分叉形成的两条第十二分支架15，第二分支架5一端分叉形成的三条第三分支架6及第二分支架5另一端分叉形成的两条第四分支架7，第三分支架6一端分叉形成的两条第五分支架8及第三分支架6另一端分叉形成的两条第六分支架9，第四分支架7一端分叉形成的两条第七分支架10，第五分支架8分叉形成的两条第八分支架11，第七分支架10一端分叉形成的两条第九分支架12及第七分支架10另一端分叉形成的两条第十分支架13，第九分支架12一端分叉形成的两条第十一分支架14。

[0018] 标示牌2分别设置在第一分支架4、第三分支架6、第四分支架7、第五分支架8、第六分支架9、第八分支架11、第九分支架12、第十分支架13、第十一分支架14末端。第一分支架末端的标示牌2为刺嘴雀和莺雀，第三分支架末端的标示牌2为尖喙地雀，第四分支架末端的标示牌2为食芽雀，第五分支架末端的标示牌2为小地雀，第六分支架末端的标示牌2为大仙人掌地雀和仙人掌地雀，第八分支架末端的标示牌2为大地雀和中地雀，第九分支架末端的标示牌2为小树雀，第十分支架末端的标示牌2为红树林雀和啄木鸟雀，第十一分支架末端的标示牌2为大树雀和中树雀。

[0019] 标示牌2可以根据具体地雀的不同制作成形象的地雀模型，或者在标示牌上粘贴或印刷地雀图样。

一种真菌细胞囊泡粘连于目的区室的模型教具

专利号：ZL 2020 2 2894017. X

发明人：曹广力 朱越雄

摘 要：本实用新型公开了一种真菌细胞囊泡粘连于目的区室的模型教具，包括底座、本体，固定设置在所述底座上的第一连接体、第二连接体和第三连接体，所述第一连接体的末端活动设置在所述本体上，所述第二连接体的末端活动设置在所述本体上，所述第三连接体的末端活动设置在所述本体上；本实用新型结构简单，生动形象，不仅能够展示真菌细胞运输囊泡粘连于目的区室的生物学特性还能吸引使用者的注意力，能够有效地加深使用者对于真菌细胞运输囊泡粘连于目的区室的理解和记忆。

权利要求书：

1. 一种真菌细胞囊泡粘连于目的区室的模型教具，其特征在于：包括底座、本体，固定设置在所述底座上的第一连接体、第二连接体和第三连接体，所述第一连接体的末端活动设置在所述本体上，所述第二连接体的末端活动设置在所述本体上，所述第三连接体的末端活动设置在所述本体上；所述第一连接体包括依次首尾相连的棒形体、折角体、球体，所述第二连接体包括依次首尾相连的棒形体、折角体、V 形体，所述第三连接体包括多个首尾相连的梭状体，所述本体包括环形体及设置在所述环形体内圈的灯罩，所述环形体内圈内固定设置有 LED 灯带，所述环形体内圈设置有电线槽，所述电线槽内设置有与所述 LED 灯带电连接的电线，所述底座内设置有电源。

2. 根据权利要求 1 所述的一种真菌细胞囊泡粘连于目的区室的模型教具，其特征在于：所述环形体内圈设置有通气孔，所述通气孔一端与所述灯罩固定连接，另一端固定设置有充气装置。

3. 根据权利要求 2 所述的一种真菌细胞囊泡粘连于目的区室的模型教具，其特征在于：所述充气装置为电动气泵。

4. 根据权利要求 3 所述的一种真菌细胞囊泡粘连于目的区室的模型教具，其特征在于：所述第一连接体、第二连接体、第三连接体内部设置有电线槽，所述电线通过所述电线槽连接电源与 LED 灯及电动气泵。

5. 根据权利要求 1 所述的一种真菌细胞囊泡粘连于目的区室的模型教具，其特征在于：所述底座的底面上设置有电池槽。

6. 根据权利要求 1 所述的一种真菌细胞囊泡粘连于目的区室的模型教具，其特征在于：所述电源设置有与其配合的遥控装置。

说明书：

技术领域

[0001] 本实用新型涉及教学用具领域，具体涉及一种真菌细胞囊泡粘连于目的区室的模型教具。

背景技术

[0002] 在生物学领域，真菌细胞运输囊泡粘连于目的区室的三种形式。

［0003］活化。囊泡与目的区室受体膜发生融合，首先需要囊泡表面 Rab GTPase 的活化。Rab GTPase 是一类小分子 GTPase，作为囊泡融合的分子开关，是囊泡融合的关键蛋白。在相应的 Rab 鸟苷酸交换因子（RabGEF）作用下，囊泡上的 Rab GTPase 转变为 Rab GTP 活性状态，进而介导后续的囊泡融合过程。

［0004］粘连。粘连作用存在三种可能的机制：① 囊泡膜上的 Rab GTP 与目的膜上的活性多亚基粘连复合体（MTC）相互识别并结合，从而使囊泡与目的区室发生粘连；② 囊泡膜上的包被蛋白（coat）与目的膜上的多亚基粘连复合体相互识别并实现粘连；③ 在 Rab GTP 作用下，囊泡膜与目的膜上的卷曲螺旋黏附因子（CCT）相互配对并结合，作为囊泡膜与目的区室间的桥梁，使囊泡与目的区室发生粘连。

［0005］锚定。当囊泡与目的区室发生粘连后，囊泡膜上的 vSNARE 与目的膜上带有地址签的 tSNARE 蛋白相互配对并结合，从而使囊泡稳定锚定于目的膜。囊泡与目的区室的粘连是一种松散的相互作用，而锚定是一种紧密、稳定的相互作用。

［0006］融合。囊泡膜与目的膜间相互结合的 SNARE 折叠成特异性的四螺旋束状复合物，使囊泡膜与目的膜的磷脂双分子层相互靠近并进行融合，囊泡内容物释放至目的区室内部或质膜外。

［0007］在现有的教学模式中，一般采用图片或者动画形式进行讲解。但是图片或者动画都是平面的，不够生动，学生对于真菌细胞运输囊泡粘连于目的区室的三种形式还是理解的不够透彻。

发明内容

［0008］本实用新型目的是：提供一种三维立体的真菌细胞囊泡粘连于目的区室的模型教具。

［0009］本实用新型的技术方案是：一种真菌细胞囊泡粘连于目的区室的模型教具，包括底座、本体，固定设置在所述底座上的第一连接体、第二连接体和第三连接体，所述第一连接体的末端活动设置在所述本体上，所述第二连接体的末端活动设置在所述本体上，所述第三连接体的末端活动设置在所述本体上。

［0010］所述第一连接体包括依次首尾相连的棒形体、折角体、球体，所述第二连接体包括依次首尾相连的棒形体、折角体、V 形体，所述第三连接体包括多个首尾相连的梭状体。

［0011］所述本体包括环形体及设置在所述环形体内圈的灯罩，所述环形体内圈内固定设置有 LED 灯带，所述环形体内圈设置有电线槽，所述电线槽内设置有与所述 LED 灯带电连接的电线，所述底座内设置有电源。

［0012］上述技术方案中，电源可以采用可充电的锂电池，采用锂电池时在底座上相应的设置有充电口。电源也可采用干电池。

［0013］灯罩采用透明的柔性材料制作，具有弹性。

［0014］优选的技术方案，所述环形体内圈设置有通气孔，所述通气孔一端与所述灯罩固定连接，另一端固定设置有充气装置。

［0015］进一步技术方案，所述充气装置为电动气泵。

［0016］进一步技术方案，所述第一连接体、第二连接体、第三连接体内部设置有电线槽，所述电线通过所述电线槽连接电源与 LED 灯及电动气泵。

［0017］优选的技术方案，所述底座的底面上设置有电池槽。

［0018］优选的技术方案，所述电源设置有与其配合的遥控装置。

［0019］上述技术方案中，遥控装置可以控制电动气泵对灯罩充气，也可以控制 LED 的明灭及亮度。

［0020］本实用新型的优点是：

［0021］1.本实用新型采用三维立体结构，能够帮助使用者了解真菌细胞囊泡粘连于目的区室的生物学特性。

［0022］2.本实用新型的本体具有发光及充气特点，可以有效地吸引使用者观察本模型教具。

说明书附图

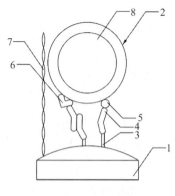

图 2.9

附图说明

[0023] 为了更清楚地说明本实用新型实施例的技术方案，下面将对实施例描述中所需要使用的附图作简单地介绍，下面描述中的附图仅仅是本实用新型的一些实施例，对于本领域普通技术人员来讲，在不付出创造性劳动的前提下，还可以根据这些附图获得其他的附图。

[0024] 下面结合附图及实施例对本实用新型作进一步描述：

[0025] 图2.9为本实用新型的立体图。

[0026] 其中：1. 底座；2. 本体；3. 棒形体；4. 折角体；5. 球体；6. V形体；7. 梭状体；8. 灯罩。

具体实施方式

[0027] 以下结合具体实施例对上述方案做进一步说明。应理解，这些实施例是用于说明本实用新型而不限于限制本实用新型的范围。实施例中采用的实施条件可以根据具体厂家的条件做进一步调整，未注明的实施条件通常为常规实验中的条件。

[0028] 实施例一：

[0029] 如图2.9所示，一种真菌细胞囊泡粘连于目的区室的模型教具，其特征在于：包括底座1、本体2，固定设置在底座1上的第一连接体、第二连接体和第三连接体，第一连接体的末端活动设置在本体2上，第二连接体的末端活动设置在本体2上，第三连接体的末端活动设置在本体2上。

[0030] 第一连接体包括依次首尾相连的棒形体3、折角体4、球体5，第二连接体包括依次首尾相连的棒形体3、折角体4、V形体6，第三连接体包括多个首尾相连的梭状体7。

[0031] 本体2包括环形体及设置在环形体内圈的灯罩8，环形体内圈内固定设置有LED灯带，环形体内圈设置有电线槽，电线槽内设置有与LED灯带电连接的电线，底座1内设置有电源。

[0032] 环形体内圈设置有通气孔，通气孔一端与灯罩8固定连接，另一端固定设置有充气装置。

[0033] 充气装置为电动气泵。第一连接体、第二连接体、第三连接体内部设置有电线槽，电线通过电线槽连接电源与LED灯及电动气泵。

[0034] 底座1的底面上设置有电池槽，电池槽内设置有干电池。

[0035] 电源设置有与其配合的遥控装置。遥控装置可以控制电动气泵对灯罩8充气，也可以控制LED的明灭及亮度。

[0036] 本实施例的具体实施方法：

[0037] 底座1代表目的区室，本体2代表囊泡，球体5代表Rab GTP，折角体4代表MTC，V形体6代表coat，棒形体3代表SNARE，7代表Rab-GTP。

[0038] 真菌细胞运输囊泡粘连于目的区室的三种形式。

[0039] 粘连。粘连作用存在三种可能的机制：

[0040] 1. 囊泡膜上的Rab GTP与目的膜上的活性多亚基粘连复合体（MTC）相互识别并结合，从而使囊泡与目的区室发生粘连；

[0041] 2. 囊泡膜上的包被蛋白（coat）与目的膜上的多亚基粘连复合体相互识别并实现粘连。

[0042] 3. 在Rab GTP作用下，囊泡膜与目的膜上的卷曲螺旋黏附因子（CCT）相互配对并结合，作为囊泡膜与目的区室间的桥梁，使囊泡与目的区室发生粘连。

[0043] 使用者在使用时，利用本模型教具的各个部分展示上述真菌细胞运输囊泡粘连于目的区室的各形式及描述原理。

[0044] 本实施例结构简单，生动形象，不仅能够展示真菌细胞运输囊泡粘连于目的区室的生物学特性还能吸引使用者的注意力，能够有效地加深使用者对于真菌细胞运输囊泡粘连于目的区室的理解和记忆。

[0045] 上述实施例只为说明本实用新型的技术构思及特点，其目的在于让熟悉此项技术的人士能够了解本实用新型的内容并据以实施，并不能以此限制本实用新型的保护范围。凡根据本实用新型精神实质所作的等效变化或修饰，都应涵盖在本实用新型的保护范围之内。

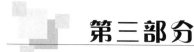

第三部分
生物实验教学用教具

酶标法—双抗体夹心法模型教具

专利号： ZL 2012 1 0385359.6，ZL 2012 2 0521518.6

发明人： 朱越雄　曹广力

摘　要： 本实用新型公开了一种酶标法—双抗体夹心法模型教具，其特征在于——其包括开口向上的碗状外壳、设置在所述外壳底部的下支撑体、设置在所述下支撑体上端的第一结合体、设置在所述第一结合体上部的上支撑体，所述下支撑体包括支撑杆和设置在所述支撑杆上部的两个分叉，所述第一结合体为一椭球体，所述上支撑体包括本体和设置在所述本体下部的两个分叉，所述本体上设置有容纳腔体，所述容纳腔体内设置有滤纸；所述上支撑体、下支撑体的中心轴分别通过所述第一结合体的几何中心，上支撑体、下支撑体分别与所述第一结合体可拆式配合连接；设有第二结合体，所述第二结合体与上支撑体、下支撑体不构成连接关系。本实用新型能够使观察者清楚地了解双抗体夹心法原理，并且携带方便。

权利要求书：

1. 一种酶标法—双抗体夹心法模型教具，其特征在于：其包括开口向上的碗状外壳、设置在所述外壳底部的下支撑体、设置在所述下支撑体上端的第一结合体、设置在所述第一结合体上部的上支撑体，所述下支撑体包括支撑杆和设置在所述支撑杆上部的两个分叉，所述第一结合体为一椭球体，所述上支撑体包括本体和设置在所述本体下部的两个分叉，所述本体上设置有容纳腔体，所述容纳腔体内设置有滤纸；所述上支撑体、下支撑体的中心轴分别通过所述第一结合体的几何中心，上支撑体、下支撑体分别与所述第一结合体可拆式配合连接；设有第二结合体，所述第二结合体与上支撑体、下支撑体不构成连接关系。

2. 根据权利要求 1 所述的酶标法—双抗体夹心法模型教具，其特征在于：所述第一结合体设置有两个上结合点和两个下结合点，左右两头各设置有一个结合点。

3. 根据权利要求 1 或 2 所述的酶标法—双抗体夹心法模型教具，其特征在于：所述上支撑体的分叉与所述第一结合体的上结合点相配合，所述下支撑体的分叉与所述第一结合体的下结合点相配合。

4. 根据权利要求 1 所述的酶标法—双抗体夹心法模型教具，其特征在于：所述外壳内底部中心设置有磁铁，所述下支撑体底部设置有铁片。

5. 根据权利要求 1 所述的酶标法—双抗体夹心法模型教具，其特征在于：所述上支撑体、下支撑体与所述第一结合体之间用卡扣连接或者磁性连接。

说明书：

技术领域

[0001] 本实用新型涉及一种模型教具，尤其涉及酶标法—双抗体夹心法模型教具。

背景技术

[0002] 酶标法的基本原理是将抗原或抗体与酶用交联剂结合为酶标抗原或抗体，此酶标抗原或抗体可与固相载体上或组织内相应抗原或抗体发生特异反应，并牢固地结合形成仍保持活性的免疫复合物。当加入相应底物时，底物被酶催化而呈现出相应反应颜色，颜色深浅与相应抗原含量成正比。由于此技术是建立在抗原—抗体反应和酶的高效催化作用的基础上，因此，具有高度的灵敏性和特异性。

[0003] 双抗体夹心法的方法：将已知抗体的抗血清吸附在微量滴定板上的小孔内，洗涤一次；加待测抗原，孵育，使标本中的抗原与固相载体上的抗体充分反应，形成固相抗原—抗体复合物，洗涤除去其他未结合物质；加酶标抗体，孵育，使形成固相抗体—待测抗原—酶标抗体夹心复合物，洗涤除去未结合酶标抗体；加底物，固相上的酶催化底物产生有色产物，若见到有色酶产物产生，则说明待测的抗原与已知抗体是特异的。

[0004] 当教师在讲解双抗体夹心法时，一般只能够借助图片来展示试验原理，或者借用实验来说明，但由于抗体、抗原等都是微观的，实验结果只能是看到有没有变色，并不能够说明其显色原理。

发明内容

[0005] 本实用新型的目的是提供一种结构简单、携带方便又能够良好展示酶标法—双抗体夹心法模型教具。

[0006] 为达到上述目的，本实用新型采用的技术方案是：一种酶标法-双抗体夹心法模型教具，其包括开口向上的碗状外壳、设置在所述外壳底部的下支撑体、设置在所述下支撑体上端的第一结合体、设置在所述第一结合体上部的上支撑体，所述下支撑体包括支撑杆和设置在所述支撑杆上部的两个分叉，所述第一结合体为一椭球体，所述上支撑体包括本体和设置在所述本体下部的两个分叉，所述本体上部设置有容纳腔体，所述容纳腔体内设置有滤纸；所述上支撑体、下支撑体的中心轴分别通过所述第一结合体的几何中心，上支撑体、下支撑体分别与所述第一结合体可拆式配合连接；设有第二结合体，所述第二结合体与上支撑体、下支撑体不构成连接关系。

[0007] 上述技术方案中，下支撑体代表已知抗体，上支撑体代表与已知抗体相对应的酶联抗体，容纳腔体内的滤纸上吸附有酶，代表酶联抗体上的酶，第一结合体代表与已知抗体特异的抗原，第二结合体代表与已知抗体非特异的抗原。由于第一结合体代表的抗原与上、下支撑体代表的抗体为特异，所以第一结合体可以连接在下支撑体上，上支撑体能连接在第一结合体上；第二结合体代表的抗原与上、下支撑体代表的抗体为非特异，第二结合体的尺寸大于或者小于第一结合体，因此不能与下支撑体、上支撑体都连接。

[0008] 进一步的技术方案，为了方便结合所述上、下支撑体，所述第一结合体设置有两个上结合点和两个下结合点，左右两头各设置有一个结合点。

[0009] 上述技术方案中，所述上支撑体的分叉与所述第一结合体的上结合点相配合，所述下支撑体的分叉与所述第一结合体的下结合点相配合。

[0010] 优选的技术方案，所述外壳内底部中心设置有磁铁，所述下支撑体底部设置有铁片。

[0011] 优选的技术方案，所述上支撑体、下支撑体与所述第一结合体之间可以用卡扣连接或者磁性连接。

[0012] 由于上述技术方案的运用，本实用新型与现有技术相比具有下列优点：

[0013] 1. 由于本实用新型的结构是三维立体结构，能够使观察者清楚地了解酶标法—双抗体夹心法的过程及反应原理，从而更适用于教学讲解。

[0014] 2. 由于本实用新型采用拆装结构，能够增加使用者的动手能力，加深记忆，更加深入了解酶标法—双抗体夹心法的原理。

说明书附图

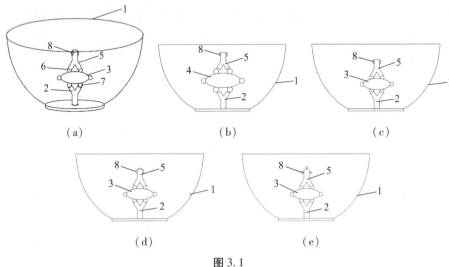

（a） （b） （c）

（d） （e）

图 3.1

附图说明

[0015] 图 3.1（a）为实施例一的立体图。

[0016] 图 3.1（b）为实施例中第二结合体示意图。

[0017] 图 3.1（c）为实施例一主视图。

[0018] 图 3.1（d）为实施例二主视图。

[0019] 图 3.1（e）为实施例三主视图。

[0020] 其中：1. 外壳；2. 下支撑体；3. 第一结合体；4. 第二结合体；5. 上支撑体；6. 上结合点；7. 下结合点；8. 容纳腔体。

具体实施方式

[0021] 下面结合附图所示的实施例对本实用新型作进一步描述：

[0022] 实施例一：

[0023] 如图 3.1（a）和（b）所示，一种酶标法—双抗体夹心法模型教具，包括开口向上的碗状外壳 1、设置在外壳 1 底部的下支撑体 2、设置在下支撑体 2 上端的第一结合体 3、设置在第一结合体 3 上部的上支撑体 5、与第一结合体 3 形状相同的第二结合体 4，下支撑体 2 包括支撑杆和设置在

支撑杆上部的两个分叉，第一结合体 3 为一椭球体，上支撑体 5 包括本体和设置在本体下部的两个分叉，本体上部设置有容纳腔体 8，容纳腔体 8 内可放置可替换滤纸，滤纸上可以吸附常用的辣根过氧化物酶，配套的显色底物可用二苯基联苯胺；根据反应需要也可使用其他酶（如碱性磷酸酶、脲酶、β-D-半乳糖苷酶等）；上支撑体 5、下支撑体 2 的中心轴分别通过第一结合体 3 的几何中心。

［0024］本实施例中第一结合体 3 设置有两个上结合点 6 和两个下结合点 7，左右两头各设置有一个结合点，上支撑体 5 的分叉与第一结合体 3 的上结合点 6 相配合，下支撑体 2 的分叉与第一结合体 3 的下结合点 7 相配合，外壳 1 内底部中心设置有磁铁，下支撑体 2 底部设置有铁片，下支撑体 2 吸附在外壳 1 内底部，上支撑体 5、下支撑体 2 与第一结合体 3 之间采用卡扣连接。

［0025］如图 3.1（c）所示，本实施例中的上支撑体 5 上部有一管状贯通的容纳腔体 8，并且两头凸出，在容纳腔体 8 内放置有吸附有酶的滤纸。

［0026］本实施例中外壳 1 代表双抗体夹心法中微量滴定板上的小孔，下支撑体 2 代表已知抗体，上支撑体 5 代表与已知抗体相对应的酶联抗体，容纳腔体 8 内的滤纸上吸附有酶，代表酶联抗体上的酶，第一结合体 3 代表与已知抗体特异的抗原，第二结合体 4 代表与已知抗体非特异的抗原。由于第一结合体 3 代表的抗原与下支撑体 2、上支撑体 5 代表的抗体为特异，所以第一结合体 3 可以连接在下支撑体 2 上，上支撑体 5 能连接在第一结合体 3 上；第二结合体 4 代表的抗原与下支撑体 2、上支撑体 5 代表的抗体为非特异，第二结合体 4 的尺寸大于或者小于第一结合体，因此不能与下支撑体 2、上支撑体 5 连接。

［0027］双抗体夹心法的实验过程：① 将已知抗体的抗血清吸附在微量滴定板上的小孔内，洗涤一次；② 加待测抗原，孵育，使标本中的抗原与固相载体上的抗体充分反应，形成固相抗原抗体复合物，洗涤除去其他未结合物质；③ 加酶标抗体，孵育，使形成固相抗体-待测抗原-酶标抗体夹心复合物，洗涤除去未结合的酶标抗体；④ 加底物，固相上的酶催化底物产生有色产物，若见到有色酶产物产生，则说明待测的抗原与已知抗体是特异的，若没有显色反应，则说明待测的抗原与已知抗体是非特异的。

［0028］如图 3.1 中的（b）和（c）所示，本实施例对应的实验过程：① 将下支撑体 2 吸附在外壳 1 内底部中间，洗涤一次；② 加第一结合体 3，

第一结合体 3 连接下支撑体 2，表示形成固相抗原抗体复合物，洗涤；③ 将上支撑体 5 安装在第一结合体 3 上，形成夹心结构，洗涤一次，上支撑体的滤纸上吸附有酶，代表酶标抗体；④ 加入滤纸上酶的底物，见到有色酶产物产生，有显色反应，则说明第一结合体 3 代表的待测抗原与下支撑体 2 代表的已知抗体是特异的。若第二步放入的是第二结合体 4，由于第二结合体 4 不能与下支撑体 2 连接，上支撑体也不能连接，会在洗涤过程中从外壳内排出，因此在加入底物后不能发生显色反应。

[0029] 实施例二：一种酶标法—双抗体夹心法模型教具，包括开口向上的碗状外壳 1、设置在外壳 1 底部的下支撑体 2、设置在下支撑体 2 上端的第一结合体 3、设置在第一结合体 3 上部的上支撑体 5、与第一结合体 3 形状相同的第二结合体 4，下支撑体 2 包括支撑杆和设置在支撑杆上部的两个分叉，第一结合体 3 为一椭球体，上支撑体 5 包括本体和设置在本体下部的两个分叉，本体上部设置有容纳腔体 8，容纳腔体 8 内设置有滤纸；上支撑体 5、下支撑体 2 的中心轴分别通过第一结合体 3 的几何中心。

[0030] 本实施例中第一结合体 3 设置有两个上结合点 6 和两个下结合点 7，左右两头各设置有一个结合点，上支撑体 5 的分叉与第一结合体 3 的上结合点 6 相配合，下支撑体 2 的分叉与第一结合体 3 的下结合点 7 相配合，外壳 1 内底部中心设置有磁铁，下支撑体 2 底部设置有铁片，下支撑体 2 吸附在外壳 1 内底部，上支撑体 5、下支撑体 2 的分叉顶端设置有磁铁，利用磁性吸附在铁质的第一结合体 3 上。

[0031] 如图 3.1（d）所示，本实施例中的上支撑体 5 上部有一倒 T 型管状贯通的容纳腔体，并且三端凸出，一端在上支撑体 5 顶面，在容纳腔体 8 内放置有吸附有酶的滤纸。

[0032] 本实施例中外壳 1 代表双抗体夹心法中微量滴定板上的小孔，下支撑体 2 代表已知抗体，上支撑体 5 代表与已知抗体相对应的酶联抗体，容纳腔体 8 内的滤纸上吸附有酶，代表酶联抗体上的酶，第一结合体 3 代表与已知抗体特异的抗原，第二结合体 4 代表与已知抗体非特异的抗原。由于第一结合体 3 代表的抗原与下支撑体 2、上支撑体 5 代表的抗体为特异，所以第一结合体 3 可以连接在下支撑体 2 上、上支撑体 5 能连接在第一结合体 3 上；第二结合体 4 代表的抗原与下支撑体 2、上支撑体 5 代表的抗体为非特异，第二结合体 4 的尺寸大于或者小于第一结合体 3，因此不能与下支撑体 2、上支撑体 5 连接。

[0033] 实验演示过程与实施例一相同。

[0034] 实施例三：一种酶标法—双抗体夹心法模型教具，包括开口向上的碗状外壳 1、设置在外壳 1 底部的下支撑体 2、设置在下支撑体 2 上端的第一结合体 3、设置在第一结合体 3 上部的上支撑体 5、与第一结合体 3 形状相同的第二结合体 4，下支撑体 2 包括支撑杆和设置在支撑杆上部的两个分叉，第一结合体 3 为一椭球体，上支撑体 5 包括本体和设置在本体下部的两个分叉，本体上部设置有容纳腔体 8，容纳腔体 8 内设置有滤纸；上支撑体 5、下支撑体 2 的中心轴分别通过第一结合体 3 的几何中心。

[0035] 本实施例中第一结合体 3 设置有两个上结合点 6 和两个下结合点 7，左右两头各设置有一个结合点，上支撑体 5 的分叉与第一结合体 3 的上结合点 6 相配合，下支撑体 2 的分叉与第一结合体 3 的下结合点 7 相配合，外壳 1 内底部中心设置有磁铁，下支撑体 2 底部设置有铁片，下支撑体 2 吸附在外壳内底部，上支撑体 5、下支撑体 2 与第一结合体 3 之间采用卡扣连接。

[0036] 如图 3.1（e）所示，本实施例中的上支撑体 5 上部有三个突出并且中空的容纳腔体 8，在容纳腔体 8 内放置有吸附有酶的滤纸。

[0037] 本实施例中外壳 1 代表双抗体夹心法中微量滴定板上的小孔，下支撑体 2 代表已知抗体，上支撑体 5 代表与已知抗体相对应的酶联抗体，容纳腔体 8 内的滤纸上吸附有酶代表酶联抗体上的酶，第一结合体 3 代表与已知抗体特异的抗原，第二结合体 4 代表与已知抗体非特异的抗原。由于第一结合体 3 代表的抗原与下支撑体 2 代表的抗体为特异，所以第一结合体 3 可以连接在下支撑体 2 上，上支撑体 5 能连接在第一结合体 3 上；第二结合体 4 代表的抗原与下支撑体 2 代表的抗体为非特异，第二结合体 4 的尺寸大于或者小于第一结合体 3，因此不能与下支撑体 2、上支撑体 5 连接。

[0038] 实验演示过程与实施例一相同。

[0039] 三维立体结构的模型教具能够使观察者清楚地了解酶标法—双抗体夹心法的原理，更适用于教学讲解，而拆装结构更有利于使用者加深对酶标法—双抗体夹心法的认知和记忆。

一种血球计数板教具

专利号： ZL 2013 1 0302437.6，ZL 2013 2 0419570.5

发明人： 朱越雄　曹广力

摘　要： 本实用新型公开了一种血球计数板教具，属于教学用具领域，其包括两个相互垂直设置的本体、至少两个计数体，所述本体又包括两根平行设置的长条状的连接体，所述连接体之间均匀设置有连接线。本实用新型结构简单，便于实现生产，非常适用于教学。

权利要求书：

1. 一种血球计数板教具，其特征在于：其包括两个相互垂直设置的本体、至少两个计数体，所述本体又包括两根平行设置的长条状的连接体，所述连接体之间均匀设置有连接线。

2. 根据权利要求1所述的一种血球计数板教具，其特征在于：所述连接体上设置有与所述连接线相配合的通孔。

3. 根据权利要求1所述的一种血球计数板教具，其特征在于：所述连接体上设置有磁条。

4. 根据权利要求1所述的一种血球计数板教具，其特征在于：所述计数体为圆盘状，所述计数体上设置有磁铁。

说明书：

技术领域

［0001］本实用新型涉及教学用具领域，尤其涉及一种血球计数板教具。

背景技术

［0002］血球计数板被用以对人体内红、白血球进行显微计数，也常用于计算一些细菌、真菌、酵母等微生物的数量，是一种常见的生物学工具。

［0003］血球计数板是一块特制的厚型载玻片，载玻片上由四个槽构成三个平台。中间的平台较宽，其中间又被一短横槽分隔成两半，每个半边上面各刻有一方格网，每个方格网共分九个大方格，中央的一大方格作为计数用，称为计数区。计数区的刻度有两种：一种是计数区分为16个中方格（大方格用三线隔开），而每个中方格又分成25个小方格；另一种是一个计数区分成25个中方格（中方格之间用双线分开），而每个中方格又分

成 16 个小方格。但是不管计数区是哪一种构造，它们都有一个共同特点，即计数区都由 400 个小方格组成。计数区边长为 1 mm，则计数区的面积为 1 mm^2，每个小方格的面积为 1/400 mm^2。盖上盖玻片后，计数区的高度为 0.1 mm，所以每个计数区的体积为 0.1 mm^3。

［0004］ 使用血球计数板计数时，先要测定每个小方格中微生物的数量，再换算成每毫升菌液（或每克样品）中微生物细胞的数量。

［0005］ 然而，血球计数板需在显微镜下使用，在教学领域中较为不便，如利用图片模式教学，不仅缺乏生动性，还显得教学过程枯燥无味。

发明内容

［0006］ 本实用新型的目的是提供一种结构简单、适用于教学的血球计数板教具。

［0007］ 为达到上述目的，本实用新型采用的技术方案是：一种血球计数板教具，其包括两个相互垂直设置的本体、至少两个计数体，所述本体又包括两根平行设置的长条状的连接体，所述连接体之间均匀设置有连接线。

［0008］ 上述技术方案中，连接线采用软质丝线，可以随意折叠，减小本体包装体积。

［0009］ 优选的技术方案，所述连接体上设置有与所述连接线相配合的通孔。

［0010］ 优选的技术方案，所述连接体上设置有磁条。

［0011］ 优选的技术方案，所述计数体为圆盘状，所述计数体上设置有磁铁。

［0012］ 使用方法：将两个本体相互垂直地吸附在黑板上，使得各连接线交错形成多个小方格；在小方格中放入计数体，并且计数体吸附在黑板上。其中两个相互垂直的本体代表血球计数板上的一个计数区，计数体代表红血球、白血球或细菌、真菌、酵母等微生物。

［0013］ 由于上述技术方案的运用，本实用新型与现有技术相比具有下列优点：

［0014］ 本实用新型更适用于教学，可以生动形象地展示如何对红血球、白血球或细菌、真菌、酵母等微生物进行计数。

说明书附图

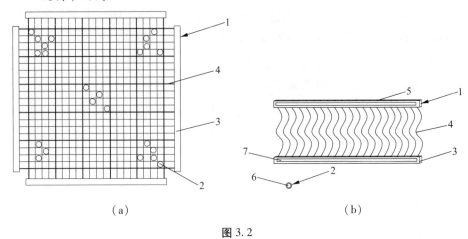

（a）   （b）

图 3.2

附图说明

[0015] 图 3.2（a）为本实用新型结构示意图。

[0016] 图 3.2（b）为本实用新型部件图。

[0017] 其中：1. 本体；2. 计数体；3. 连接体；4. 连接线；5. 通孔；6. 磁铁；7. 磁条。

具体实施方式

[0018] 下面结合附图及实施例对本实用新型作进一步描述：

[0019] 实施例一：

[0020] 如图 3.2 所示，一种血球计数板教具，其包括两个相互垂直设置的本体 1、至少两个计数体 2，本体 1 又包括两根平行设置的长条状的连接体 3，连接体 3 之间均匀设置有连接线 4。

[0021] 连接体 3 上设置有与连接线 4 相配合的通孔 5。

[0022] 连接体 3 上设置有磁条 7。

[0023] 计数体 2 为圆盘状，计数体 2 上设置有磁铁 6。

[0024] 连接线 4 为白色软质丝线，一个本体 1 上设置有 21 根连接线 4，其中第 1、5、9、13、17、21 根连接线 4 为红色，当两个本体 1 垂直设置时，将形成 25 格红色方框，每个红色方框中有 16 格小方框，总共有 400 个小方框。

[0025] 使用方法：将两个本体 1 相互垂直地吸附在黑板上，使得各连接线 4 交错形成 400 个小方格；在小方格中放入计数体 2，并且计数体 2 吸

附在黑板上；开始教学讲解。

［0026］本实施例中，两个相互垂直的本体 1 代表血球计数板上的一个计数区，计数体 2 代表红血球、白血球或细菌、真菌、酵母等微生物。

一种染色体核型分析教具

专利号： ZL 2013 2 0369021.1

发明人： 曹广力　贡成良　薛仁宇　朱越雄　郑小坚

摘　要： 本实用新型公开了一种染色体核型分析教具，其包括长方形的底板、设置在所述底板上的长方形卡条，设置在所述卡条上的至少两个柱状本体，所述底板上中部水平设置有与所述卡条相配合的卡槽，所述卡条设置在所述卡槽内。本实用新型为拆装结构，结构简单、使用方便，能直接读出染色体核型分析数据。

权利要求书：

1. 一种染色体核型分析教具，其特征在于：其包括长方形的底板、设置在所述底板上的长方形卡条，设置在所述卡条上的至少两个柱状本体，所述底板上中部水平设置有与所述卡条相配合的卡槽，所述卡条设置在所述卡槽内。

2. 根据权利要求 1 所述的一种染色体核型分析教具，其特征在于：所述底板上设置有刻度条。

3. 根据权利要求 2 所述的一种染色体核型分析教具，其特征在于：所述刻度条以所述卡槽为零刻度线向上下设置刻度。

4. 根据权利要求 1 所述的一种染色体核型分析教具，其特征在于：所述本体又包括第一本体、第二本体，所述第一本体、第二本体上设置有磁铁。

5. 根据权利要求 1 或 4 所述的一种染色体核型分析教具，其特征在于：所述第一本体、第二本体通过所述磁铁设置在所述卡条上。

说明书：

技术领域

［0001］本实用新型涉及教学用具领域，尤其涉及一种染色体核型分析教具。

背景技术

[0002] 染色体是细胞核中载有遗传信息的物质，在显微镜下呈圆柱状或杆状，主要由脱氧核糖核酸和蛋白质组成。

[0003] 染色体核型分析是根据染色体的长度、着丝点位置、臂比、随体的有无等特征，并借助染色体分带技术对某一生物的染色体进行分析、比较、排序和编号。其分析以体细胞分裂中期染色体为研究对象。染色体核型分析是细胞遗传学研究的基本方法，是研究物种演化、分类以及染色体结构、形态与功能之间关系所不可缺少的重要手段。

[0004] 在教学领域中，一般都根据要进行核型分析的染色体的尺寸按比例自制纸片模型做染色体核型分析，这种实验方式缺乏新意，不生动，不能够引起学生的实验兴趣，简单的视觉感受对于增强学生的记忆也无明显效果，所以需要一种新的教具辅助教学。

发明内容

[0005] 本实用新型的目的是提供一种结构简单，具有刻度的染色体核型分析教具。

[0006] 为达到上述目的，本实用新型采用的技术方案是：一种染色体核型分析教具，其包括长方形的底板、设置在所述底板上的长方形卡条，设置在所述卡条上的至少两个柱状本体，所述底板上中部水平设置有与所述卡条相配合的卡槽，所述卡条设置在所述卡槽内。

[0007] 优选的技术方案，所述底板上设置有刻度条。

[0008] 进一步技术方案，所述刻度条以所述卡槽为零刻度线向上下设置刻度。

[0009] 优选的技术方案，所述本体又包括第一本体、第二本体，所述第一本体、第二本体上设置有磁铁。

[0010] 进一步技术方案，所述第一本体、第二本体通过所述磁铁设置在所述卡条上。

[0011] 染色体核型分析主要包括染色体长度、染色体臂比、着丝点位置、次缢痕等。

[0012] 上述技术方案中，本体代表染色体，第一本体代表染色体短臂，第二本体代表染色体长臂。

[0013] 由于上述技术方案的运用，本实用新型与现有技术相比具有下列优点：

[0014] 本实用新型为拆装结构，结构简单、使用方便，不仅能方便地进行染色体的核型分析，还能提高操作者的动手能力、加深操作者对染色体核型分析的记忆。

说明书附图

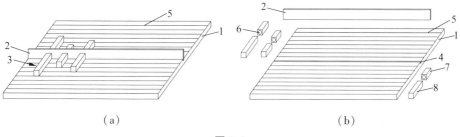

（a）　　　　　　　　　　　　　　　　　　（b）

图 3.3

附图说明

[0015] 图 3.3（a）为本实用新型示意图。

[0016] 图 3.3（b）为本实用新型拆分图。

[0017] 其中：1. 底板；2. 卡条；3. 本体；4. 卡槽；5. 刻度条；6. 磁铁；7. 第一本体；8. 第二本体。

具体实施方式

[0018] 下面结合附图及实施例对本实用新型作进一步描述：

[0019] 实施例一：

[0020] 如图 3.3 所示，一种染色体核型分析教具，其包括长方形的底板 1，设置在底板 1 上的长方形卡条 2，设置在卡条 2 上的至少两个柱状本体 3，底板 1 上中部水平设置有与卡条 2 相配合的卡槽 4，卡条 2 设置在卡槽 4 内。

[0021] 底板 1 上设置有刻度条 5，刻度条 5 以卡槽 4 为零刻度线向上下设置刻度条 5。

[0022] 本体 1 又包括第一本体 7、第二本体 8，第一本体 7、第二本体 8 上设置有磁铁 6，第一本体 7、第二本体 8 通过磁铁 6 设置在卡条 2 上。

[0023] 使用时，根据具体生物的染色体制定本体 3，按所选生物的染色体臂比制定第一本体 7 与第二本体 8，将制定好的本体 3 吸附在卡条 2 上进行染色体核型分析，可以根据底板 1 的刻度读出核型分析数据。

[0024] 本实施例中，底板上设置有刻度，可以直接读出染色体核型分析数据，并且各部件采用塑料或木构件制作，可以制成不同颜色，既能提

高学生做实验的兴趣，也能通过强烈的视觉感加深学生对于染色体核型分析的印象。

一种染色体核型分析中长短臂选配组合教具

专利号： ZL 2013 2 0369022.6

发明人： 曹广力　贡成良　薛仁宇　朱越雄　郑小坚

摘　要： 本实用新型公开了一种染色体核型分析中长短臂选配组合教具，其包括长方形的基板，设置在所述基板上面的至少两个本体，所述本体包括球形的连接体和设置在所述连接体两头的连接管。本实用新型结构简单、使用方便。

权利要求书：

1. 一种染色体核型分析中长短臂选配组合教具，其特征在于：其包括长方形的基板，设置在所述基板上面的至少两个本体，所述本体包括球形的连接体和设置在所述连接体相对的两端的连接管。

2. 根据权利要求 1 所述的一种染色体核型分析中长短臂选配组合教具，其特征在于：所述连接体相对的两端设置有与所述连接管相配合的连接杆。

3. 根据权利要求 1 所述的一种染色体核型分析中长短臂选配组合教具，其特征在于：所述基板上均设置有与所述连接管相配合的插孔。

4. 根据权利要求 1 所述的一种染色体核型分析中长短臂选配组合教具，其特征在于：所述基板上均设置有与所述连接管相配合的插杆。

5. 根据权利要求 1 所述的一种染色体核型分析中长短臂选配组合教具，其特征在于：所述连接管为空心管。

说明书：

技术领域

［0001］本实用新型涉及教学用具领域，尤其涉及一种染色体核型分析中长短臂选配组合教具。

背景技术

［0002］染色体是细胞核中载有遗传信息的物质，在显微镜下呈圆柱状或杆状，主要由脱氧核糖核酸和蛋白质组成。

［0003］染色体核型分析是根据染色体的长度、着丝点位置、臂比、随体的有无等特征，并借助染色体分带技术对某一生物的染色体进行分析、

比较、排序和编号。其分析以体细胞分裂中期染色体为研究对象。染色体核型分析是细胞遗传学研究的基本方法，是研究物种演化、分类以及染色体结构、形态与功能之间关系所不可缺少的重要手段。

［0004］在教学领域中，一般都采用自制的纸片模型做染色体核型分析，这种实验方式缺乏新意，不生动，不能够引起学生的实验兴趣，简单的视觉感受对于增强学生的记忆也无明显效果，所以需要一种新的教具辅助教学。

发明内容

［0005］本实用新型的目的是提供一种结构简单、使用方便的染色体核型分析中长短臂选配组合教具。

［0006］为达到上述目的，本实用新型采用的技术方案是：一种染色体核型分析中长短臂选配组合教具，其特征在于：其包括长方形的基板，设置在所述基板上面的至少两个本体，所述本体包括球形的连接体和设置在所述连接体两头的连接管。

［0007］优选的技术方案，所述连接体相对的两端设置有与所述连接管相配合的连接杆。

［0008］优选的技术方案，所述基板上均设置有与所述连接管相配合的插孔。

［0009］优选的技术方案，所述基板上均设置有与所述连接管相配合的插杆。

［0010］优选的技术方案，所述连接管为空心管。

［0011］染色体核型分析主要包括染色体长度、染色体臂比、着丝点位置、次缢痕等。染色体的长度差异有两种，一种是不同种、属间染色体组间相对应的染色体的绝对长度差异，一种是同一套染色体组内不同染色体的相对长度差异。

［0012］上述技术方案中，本体代表染色体，空心管代表染色体臂，连接体代表着丝点。

［0013］由于上述技术方案的运用，本实用新型与现有技术相比具有下列优点：

［0014］本实用新型为拆装结构，结构简单、使用方便，不仅能方便地进行染色体的核型分析中长短臂选配组合，还能提高操作者的动手能力、加深操作者对染色体核型分析的记忆。

说明书附图

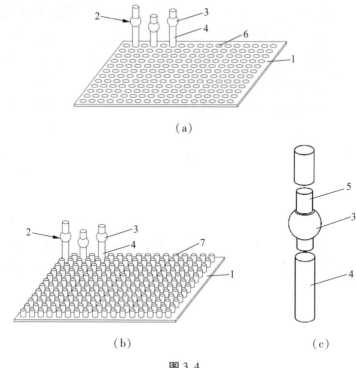

（a）

（b）　　　　　　　　（c）

图 3.4

附图说明

[0015] 图 3.4（a）为实施例一示意图。

[0016] 图 3.4（b）为实施例二示意图。

[0017] 图 3.4（c）为本体拆分图。

[0018] 其中：1. 基板；2. 本体；3. 连接体；4. 连接管；5. 连接杆；
6. 插孔；7. 插杆。

具体实施方式

[0019] 下面结合附图及实施例对本实用新型作进一步描述：

[0020] 实施例一：

[0021] 如图 3.4 中的（a）和（c）所示，一种染色体核型分析中长短
臂选配组合教具，其包括长方形的基板 1，设置在基板 1 上面的至少两个本
体 2，本体 2 包括球形的连接体 3 和设置在连接体两头的连接管 4。

[0022] 连接体 3 相对的两端设置有与连接管 4 相配合的连接杆 5。

[0023] 基板 1 上均设有与连接管 4 相配合的插孔 6。

[0024] 连接管 4 为空心管。

[0025] 使用时，根据具体生物的染色体制定本体 2，按所选生物的染色体臂比制定各连接管 4 的比例。将制定好的本体 1 插在基板 2 上进行染色体核型分析。

[0026] 本实施例中，只需将制定的本体 2 插在基板 1 上就可以进行染色体核型分析，并且各部件采用塑料制作，可以制成不同颜色，既能提高学生做实验的兴趣，也能通过强烈的视觉感加深学生对于染色体核型分析的印象。

[0027] 实施例二：

[0028] 如图 3.4 中的（b）和（c）所示，一种染色体核型分析教具，其包括长方形的基板 1，设置在基板 1 上面的至少两个本体 2，本体 2 包括球形的连接体 3 和设置在连接体两头的连接管 4。

[0029] 连接体 3 相对的两端设置有与连接管 4 相配合的连接杆 5。

[0030] 基板 1 上均设有与所述连接管 4 相配合的插杆 7。

[0031] 连接管 4 为空心管。

[0032] 使用时，根据具体生物的染色体制定本体 2，按所选生物的染色体臂比制定各连接管 4 的比例。将制定好的本体 2 插在基板 1 的插杆 7 上进行染色体核型分析。

[0033] 本实施例中，只需将制定的本体 2 插在基板 1 上就可以进行染色体核型分析，并且各部件采用木构件制作，可以制成不同颜色，既能提高学生做实验的兴趣，也能通过强烈的视觉感加深学生对于染色体核型分析的印象。

一种拆装式固定化酶或固定化细胞模型教具

发明人：ZL 2013 1 0272562.7，ZL 2013 2 0385478.1

发明人：曹广力　贡成良　薛仁宇　朱越雄　郑小坚

摘　要：本实用新型公开了一种拆装式固定化酶或固定化细胞模型教具，其包括圆盘形的盆体、活动设置在所述盆体上方的盖体、第一连接体、第二连接体、第三连接体、第四连接体，所述盖体顶面为镂空网，所述第一连接体为球体，所述第二连接体为底部设置有连接杆的球体，所述第三连接体为底部设置有倒 T 形的连接体的球体，所述第四连接体为结点圆球底部设置有连接杆的环形珠串。本实用新型结构简单，能生动形象地演示酶或细胞的多种固定化方式。

权利要求书：

1. 一种拆装式固定化酶或固定化细胞模型教具，其特征在于：其包括圆盘形的盆体、活动设置在所述盆体上方的盖体、第一连接体、第二连接体、第三连接体、第四连接体，所述盖体顶面为镂空网，所述第一连接体为球体，所述第二连接体为底部设置有连接杆的球体，所述第三连接体为底部设置有倒 T 形的连接体的球体，所述第四连接体为底部设置有连接杆的球体连接而成的环形珠串。

2. 根据权利要求 1 所述的一种拆装式固定化酶或固定化细胞模型教具，其特征在于：所述盆体底部为半球形的镂空网，所述盖体顶面镂空网为半球形。

3. 根据权利要求 1 所述的一种拆装式固定化酶或固定化细胞模型教具，其特征在于：所述盆体外侧面设置有外螺纹，所述盖体内侧面设置有内螺纹。

4. 根据权利要求 1 所述的一种拆装式固定化酶或固定化细胞模型教具，其特征在于：所述第一连接体上设置有磁铁，所述第一连接体吸附设置在所述盆体内。

5. 根据权利要求 1 所述的一种拆装式固定化酶或固定化细胞模型教具，其特征在于：所述第三连接体底部设置有磁铁，所述第三连接体吸附设置在所述盖体外侧面。

6. 根据权利要求 1 所述的一种拆装式固定化酶或固定化细胞模型教具，其特征在于：所述盖体外侧面设置有与所述连接杆相配合的卡口。

7. 根据权利要求 1 或 6 所述的一种拆装式固定化酶或固定化细胞模型教具，其特征在于：所述第二连接体围绕设置在所述盖体外侧面。

8. 根据权利要求 1 或 6 所述的一种拆装式固定化酶或固定化细胞模型教具，其特征在于：所述第四连接体围绕设置在所述盖体外侧面。

说明书：

技术领域

[0001] 本实用新型涉及教学用具领域，尤其涉及一种拆装式固定化酶或固定化细胞模型教具。

背景技术

[0002] 微生物可以看作是多种酶的包裹，工业发酵是合理控制和利用微生物酶的过程，因此，可以将酶从微生物细胞中提取出来，将其与底物作用制造产品，也可以将提取出的酶用固体支持物（成为载体）固定，使其成为不溶于水或者不易失散和可多次使用的微生物催化剂，利用它与底物作用制造产品。未固定的酶（细胞）用于工业生产，可以称为游离酶（细胞），固定的酶称为固定化酶，固定的微生物细胞称为固定化细胞。固定化酶（细胞）具有的优势为：① 固定化酶（细胞）可以重复使用，极大地提高了生产效率；② 固定化酶（细胞）产品的分离、提纯等后处理比较容易；③ 固定化酶（细胞）一般都做成了球形颗粒或薄片状，使产品的生产工艺操作简化，易于机械化和自动化；④ 固定化酶（细胞）技术可以制成酶活力很高，而且抗酸、碱、温度变化的性能高，酶活力稳定的酶；⑤ 固定化酶相对产物更单一，非需要的产物更少，生产操作条件更易控制，而固定化细胞不需要酶的提取，减少了酶活力的损失和操作。

[0003] 在教学领域中，一般都采用图片来讲解酶（细胞）的固定化方式，但是图片是二维的，不能很好地体现固定化酶（细胞）的结构特征以及酶（细胞）的固定化方式，因此，需要一种新的辅助教学的工具。

发明内容

[0004] 本实用新型的目的是提供一种结构简单、可拆装式的固定化酶或固定化细胞模型教具。

[0005] 为达到上述目的，本实用新型采用的技术方案是：一种拆装式固定化酶或固定化细胞模型教具，其包括圆盘形的盆体、活动设置在所述盆体上方的盖体、第一连接体、第二连接体、第三连接体、第四连接体，所述盖体顶面为镂空网，所述第一连接体为球体，所述第二连接体为底部设置有连接杆的球体，所述第三连接体为底部设置有倒 T 形的连接体的球体，所述第四连接体为底部设置有连接杆的球体连接而成的环形珠串。

[0006] 优选的技术方案，所述盆体底部为半球形的镂空网，所述盖体顶面镂空网为半球形。

[0007] 优选的技术方案，所述盆体外侧面设置有外螺纹，所述盖体内侧面设置有内螺纹。

[0008] 优选的技术方案，所述第一连接体吸附设置在所述盆体内。

[0009] 优选的技术方案，所述第三连接体吸附设置在所述盖体外侧面。

[0010] 优选的技术方案，所述盖体外侧面设置有与所述连接杆相配合的卡口。

[0011] 进一步技术方案，所述第二连接体围绕设置在所述盖体外侧面。

[0012] 进一步技术方案，所述第四连接体围绕设置在所述盖体外侧面。

[0013] 用不同的载体和不同的操作方法将酶固定，根据固定化的主要机理，一般分为四类：① 吸附固定化，按照正负电荷相吸的原理，酶或细胞吸附在载体表面而被固定；② 包埋固定化，大分子的有机或无机聚合物，将酶或细胞包裹、固定在其凝胶中；③ 共价固定化，酶或细胞与载体通过共价键而被固定；④ 交联固定化，酶分子或细胞上的化合物基团之间在双功能基团交联剂作用下，与载体上的化合物基团相互交联呈网状结构而被固定。

[0014] 上述技术方案中，按照固定化的主要机理，分成四类结构配合：① 吸附固定化，盆体和盖体一起代表载体，第三连接体代表酶或细胞；② 包埋固定化，盆体和盖体一起代表载体，第一连接体代表酶或细胞；③ 共价固定化，盆体和盖体一起代表载体，第二连接体代表酶或细胞；④ 交联固定化，盆体和盖体一起代表载体，第四连接体代表酶或细胞。

[0015] 由于上述技术方案的运用，本实用新型与现有技术相比具有下列优点：

[0016] 本实用新型为拆装结构，结构简单、使用方便，不仅能体现固定化酶或细胞的结构形态、酶或细胞的固定化方式，还能提高操作者的动手能力，加深操作者对固定化酶或固定化细胞结构的记忆。

说明书附图

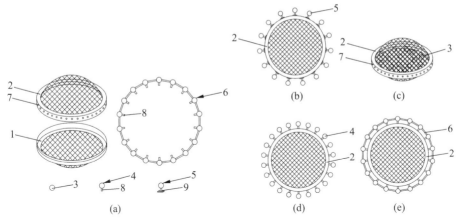

图 3.5

附图说明

［0017］图 3.5（a）为本实用新型分解图。

［0018］图 3.5（b）为本实用新型吸附固定化结构示意图。

［0019］图 3.5（c）为本实用新型包埋固定化结构示意图。

［0020］图 3.5（d）为本实用新型共价固定化结构示意图。

［0021］图 3.5（e）为本实用新型交联固定化结构示意图。

［0022］其中：1. 盆体；2. 盖体；3. 第一连接体；4. 第二连接体；5. 第三连接体；6. 第四连接体；7. 卡口；8. 连接杆；9. 连接体。

具体实施方式

［0023］下面结合附图及实施例对本实用新型作进一步描述：

［0024］实施例一：

［0025］如图 3.5 所示，一种拆装式固定化酶或固定化细胞模型教具，其包括圆盘形的盆体 1、活动设置在盆体 1 上方的盖体 2、第一连接体 3、第二连接体 4、第三连接体 5、第四连接体 6，盖体 2 顶面为镂空网，第一连接体 3 为球体，第二连接体 4 为底部设置有连接杆 8 的球体，第三连接体 5 为底部设置有倒 T 形的连接体 9 的球体，第四连接体 6 为底部设置有连接杆 8 的球体连接而成的环形珠串。

［0026］盆体 1 底部为半球形的镂空网，所述盖体 2 顶面镂空网为半球形。

［0027］盆体 1 外侧面设置有外螺纹，盖体 2 内侧面设置有内螺纹。

［0028］盖体2外侧面设置有与连接杆8相配合的卡口7。

［0029］盆体1、盖体2的材料为不锈钢。

［0030］第一连接体3上设置有磁铁，第三连接体5底部连接体9设置有磁铁。

［0031］第一连接体3设置有20个，第二连接体4设置有22个，第三连接体5设置有15个。

［0032］使用时，分成四类结构配合：

［0033］1. 吸附固定化，按照正负电荷相吸的原理，酶或细胞吸附在载体表面而被固定，盆体1和盖体2一起代表载体，第三连接体5代表酶或细胞，将第三连接体5吸附在盖体2外表面。

［0034］2. 包埋固定化，大分子的有机或无机聚合物，将酶或细胞包裹、固定在其凝胶中，盆体1和盖体2一起代表载体，第一连接体3代表酶或细胞，将第一连接体3放置吸附在盆体1内。

［0035］3. 共价固定化，酶或细胞与载体通过共价键而被固定，盆体1和盖体2一起代表载体，第二连接体4代表酶或细胞，将第二连接体4插在盖体2外侧面的卡口7内。

［0036］4. 交联固定化，酶分子或细胞上的化合物基团之间在双功能基团交联剂作用下，与载体上的化合物基团相互交联呈网状结构而被固定，盆体1和盖体2一起代表载体，第四连接体6代表酶或细胞，将第四连接体6插在盖体2外侧面的卡口7内。

一种药物敏感试验纸碟法专用测量贴

专利号： ZL 2013 2 0166180. 1

发明人： 朱越雄　曹广力

摘　要： 本实用新型公开了一种药物敏感试验纸碟法专用测量贴，其包括透明片、均匀设置在所述透明片上的至少两组定位标，所述定位标又包括定位圈和连接在所述定位圈上的至少两条标尺，所述标尺沿所述定位圈直径方向设置。本实用新型结构简单，能帮助药物敏感试验纸碟法中纸片的定位，还可以直接读出后期抑菌圈的直径大小。

权利要求书：

1. 一种药物敏感试验纸碟法专用测量贴，其特征在于：其包括透明片、均匀设置在所述透明片上的至少两组定位标，每组所述定位标包括定位圈和连接在所述定位圈上的至少两条标尺，所述标尺沿所述定位圈直径方向设置。

2. 根据权利要求 1 所述的一种药物敏感试验纸碟法专用测量贴，其特征在于：所述标尺设置有 4 条，以所述定位圈中心点为中心沿所述定位圈外圈辐射设置。

3. 根据权利要求 1 所述的一种药物敏感试验纸碟法专用测量贴，其特征在于：所述定位标设置有 3 组。

4. 根据权利要求 1 所述的一种药物敏感试验纸碟法专用测量贴，其特征在于：所述透明片上设置有粘贴层。

5. 根据权利要求 1 所述的一种药物敏感试验纸碟法专用测量贴，其特征在于：所述定位标为涂覆在所述透明片上的有色涂料层。

6. 根据权利要求 1 所述的一种药物敏感试验纸碟法专用测量贴，其特征在于：所述定位标为粘贴在所述透明片上的贴纸、贴膜或贴片。

说明书：

技术领域

[0001] 本实用新型涉及一种药物敏感试验纸碟法专用测量贴。

背景技术

[0002] 药物敏感试验旨在了解病原微生物对各种抗生素的敏感（或耐受）程度，以指导临床合理选用抗生素药物的微生物学试验。

[0003] 一种抗生素如果以很小的剂量便可抑制、杀灭致病菌，则称该种致病菌对该抗生素"敏感"。反之，则称为"不敏感"或"耐药"。为了解致病菌对哪种抗菌素敏感，以合理用药，减少盲目性，往往应进行药敏试验。其大致方法是：将待测细菌接种在适当的培养基上，于一定条件下培养；同时将分别沾有一定量各种抗生素的药敏纸片贴在培养基表面（或用不锈钢圈，内放定量抗生素溶液），培养一定时间后观察结果。由于致病菌对各种抗生素的敏感程度不同，在药物纸片周围便出现不同大小的抑制病菌生长而形成的"空圈"，称为抑菌圈。抑菌圈大小与致病菌对各种抗生素的敏感程度成正比关系。于是可以根据试验结果有针对性地选用抗生素。

[0004] 在实验室操作时，为了得到较为准确的数据，通常会在一个培养基表面贴上多个沾有抗生素的药敏纸贴片，用以取得多组数据，再取平均值。然而沾有抗生素的纸贴片较小，在操作时不易控制摆放位置，可能

会使相邻两个纸贴片距离过近，使得所得的两个抑菌圈相交，得不到准确的数据。

发明内容

[0005] 本实用新型的目的是提供一种方便使用并且能够使抗生素纸贴片准确定位的药物敏感试验纸碟法专用测量贴。

[0006] 为达到上述目的，本实用新型采用的技术方案是：一种药物敏感试验纸碟法专用测量贴，其包括透明片、均匀设置在所述透明片上的至少两组定位标，所述定位标又包括定位圈和连接在所述定位圈上的至少两条标尺，所述标尺沿所述定位圈直径方向设置。

[0007] 优选的技术方案，所述标尺设置有四条，以所述定位圈中心点为中心沿所述定位圈外圈辐射设置。

[0008] 上述技术方案中，标尺均匀设置在定位圈外圈，当药物敏感试验纸碟法形成的抑菌圈不规则时，可以以多个数据为依据得出平均值。优选的技术方案，所述定位标设置有三组，三组定位标均匀设置在透明片上，并且每组之间留有适当的空隙。

[0009] 优选的技术方案，所述透明片上设置有粘贴层。

[0010] 上述技术方案中，粘贴层为设置在透明片上的多点式粘贴层，也可以为与药物敏感试验纸碟法用培养皿配合的环状粘贴层。

[0011] 优选的技术方案，所述定位标为涂覆在所述透明片上的有色涂料。

[0012] 优选的技术方案，所述定位标为粘贴在所述透明片上的贴纸、贴膜或贴片。

[0013] 由于上述技术方案运用，本实用新型与现有技术相比具有下列优点：

[0014] 1. 由于本实用新型的透明片上设置有定位标，在做药物敏感试验纸碟法时能将沾有抗生素的纸贴片定位更准确，得到的抑菌圈较为准确。

[0015] 2. 由于本实用新型在透明片上设置有粘贴层，在使用时直接粘贴在培养皿底部，不易滑动，有利于沾有抗生素的纸贴片准确定位。

[0016] 3. 由于本实用新型采用的是透明片，并且一般用于药物敏感试验的培养基都有较好的透明度，因此，无论从正面还是背面都能清晰看到标尺，并观察和测量抑菌圈的大小。

说明书附图

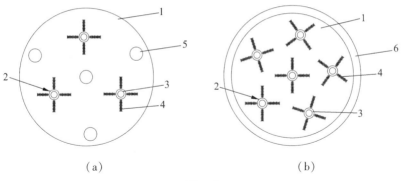

（a） （b）

图 3.6

附图说明

[0017] 图 3.6 （a） 为实施例一示意图。

[0018] 图 3.6 （b） 为实施例二示意图。

[0019] 其中：1. 透明片；2. 定位标；3. 定位圈；4. 标尺；5. 多点式粘贴层；6. 环状粘贴层。

具体实施方式

[0020] 下面结合附图所示的实施例对本实用新型作进一步描述：

[0021] 实施例一：

[0022] 如图 3.6 （a） 所示，一种药物敏感试验纸碟法专用测量贴，其包括透明片 1、均匀设置在透明片 1 上的 3 组定位标 2，每组定位标 2 又包括定位圈 3 和连接在定位圈 3 上的 4 条标尺 4，标尺 4 以定位圈 3 中心点为中心沿定位圈 3 外圈辐射设置。

[0023] 透明片 1 上设置有多点式粘贴层 5。

[0024] 定位标 2 为涂覆在透明片 1 上的有色涂料。

[0025] 药物敏感试验纸碟法专用测量贴的使用方法：

[0026] 1. 将细菌培养用固体培养基按营养要求配制好后，经过高温高压灭菌。

[0027] 2. 趁热将培养基倒于培养皿内，冷凝。

[0028] 3. 将药物敏感试验纸碟法专用测量贴贴于培养皿底部。

[0029] 4. 在超净台中，用经酒精灯火焰灭菌的接种环挑取适量细菌培养物，以密集划线方式将细菌涂布到培养皿培养基上。具体方式：用灭菌接种环取适量细菌分别在培养皿边缘相对四点涂菌，以每点开始划线涂菌

至培养皿的 1/2。然后，找到第二点划线至培养皿的 1/2，依次划线，直至细菌均匀密布于平皿。

[0030] 5. 将镊子于酒精灯火焰灭菌后略停，取药敏纸片贴于培养皿培养基表面，并按照药物敏感试验纸碟法专用测量贴上的定位圈 3 贴好，为了使药敏片与培养基紧密相贴，可用镊子轻按几下药敏片。

[0031] 6. 将培养皿置于 37 ℃温箱中培养 24 小时后，观察效果。

[0032] 7. 利用标尺 4 可读出实验形成的抑菌圈的大小，再根据抑菌圈的直径数值大小来判断敏感度。

[0033] 本实施例中，将药物敏感试验纸碟法专用测量贴贴于培养皿底部，就可以帮助药敏片定位还可以直接读出后期抑菌圈的直径大小。

[0034] 实施例二：

[0035] 如图 3.6（b）所示，一种药物敏感试验纸碟法专用测量贴，其包括透明片 1、均匀设置在透明片 1 上的 6 组定位标 2，每组定位标 2 又包括定位圈 3 和连接在定位圈 3 上的 4 条标尺 4，标尺 4 以定位圈 3 中心点为中心沿定位圈 3 外圈辐射设置。

[0036] 透明片 1 上设置有环状粘贴层 6。

[0037] 定位标 2 为粘贴在透明片 1 上的贴纸。

[0038] 药物敏感试验纸碟法专用测量贴的使用方法：

[0039] 1. 将细菌培养用固体培养基按营养要求配制好后，经过高温高压灭菌。

[0040] 2. 趁热将培养基倒于培养皿内，冷凝。

[0041] 3. 将药物敏感试验纸碟法专用测量贴贴于培养皿底部。

[0042] 4. 在超净台中，用经酒精灯火焰灭菌的接种环挑取适量细菌培养物，以划线方式将细菌涂布到培养皿培养基上。具体方式：用灭菌接种环取适量细菌分别在培养皿边缘相对四点涂菌，以每点开始划线涂菌至培养皿的 1/2。然后，找到第二点划线至培养皿的 1/2，依次划线，直至细菌均匀密布于平皿。

[0043] 5. 将镊子于酒精灯火焰灭菌后略停，取药敏片贴到培养皿培养基表面，并按照药物敏感试验纸碟法专用测量贴上的定位圈 3 贴好，为了使药敏片与培养基紧密相贴，可用镊子轻按几下药敏片。

[0044] 6. 将培养皿置于 37 ℃温箱中培养 24 小时后，观察效果。

［0045］7. 利用标尺4可读出实验形成的抑菌圈的大小，再根据抑菌圈的直径数值大小来判断敏感度。

［0046］本实施例中，将药物敏感试验纸碟法专用测量贴贴于培养皿底部，就可以帮助药敏片定位，还可以直接读出后期抑菌圈的直径大小。

参考文献

［1］袁勤生 . 现代酶学［M］. 2 版 . 上海：华东理工大学出版社，2007.

［2］李冠一，林栖凤，朱锦天，等 . 核酸生物化学［M］. 北京：科学出版社，2007.

［3］吴相钰，陈守良，葛明德 . 陈阅增普通生物学［M］. 3 版 . 北京：高等教育出版社，2009.

［4］丁戈，姚南，吴琼，等 . 着丝粒结构与功能研究的新进展［J］. 植物学通报，2008，25（2）：149-160.

［5］胡兴昌 . 生命科学通论［M］. 北京：科学出版社，2010.

［6］李国珍 . 染色体及其研究方法［M］. 北京：科学出版社，1985.

［7］曹雪涛，熊思东，姚智 . 医学免疫学［M］. 6 版 . 北京：人民卫生出版社，2013.

［8］韩红星，孔繁华，奚永志 . HLA 基因表达调控的研究进展［J］. 中国输血杂志，2001，14（3）：183-186.

［9］韩榕 . 细胞生物学［M］. 北京：科学出版社，2011.

［10］翟中和，王喜忠，丁明孝 . 细胞生物学［M］. 4 版 . 北京：高等教育出版社，2011.

［11］易静，汤雪明 . 医学细胞生物学［M］. 上海：上海科学技术出版社，2009.

［12］杨恬，医学细胞生物学［M］. 3 版 . 北京：人民卫生出版社，2014.

［13］成军 . 现代细胞凋亡分子生物学［M］. 2 版 . 北京：科学出版社，2012.

［14］龙勉，季葆华 . 细胞分子生物力学［M］. 3 版 . 上海：上海交通大学出版社，2017.

［15］孙大业，郭艳林，马力耕，等 . 细胞信号转导［M］. 3 版 . 北京：科学出版社，2001.

［16］耿红，孟紫强 . 线粒体融合机制研究进展［J］. 细胞生物学杂志，2003，25（1）：17-21.

［17］杨海莲，刘宁生 . 层黏连蛋白 laminin_ 511 的研究进展［J］. 中国细胞生物

学学报，2012，34（6）：597-603.

[18] 薛霜，独军政，赵建勇，等．整联蛋白结构与信号转导机制［J］．动物医学进展，2010，31（1）：63-67.

[19] 李凡，徐志凯．医学微生物学［M］. 8版．北京：人民卫生出版社，2013.

[20] S. J. 弗林特．病毒学原理（Ⅰ）—分子生物学［M］．北京：化学工业出版社，2015.

[21] 李琦涵，姜莉．人类疱疹病毒的病原生物学［M］．北京：化学工业出版社，2009.

[22] 黄涛．单纯疱疹病毒包膜糖蛋白的结构及功能研究［J］．微生物学免疫学进展，2009，37（3）：59-62.

[23] David C. Ansardi, Donna C. Porter, Casey D. Morrow. Myristylation of Poliovirus Capsid Precursor P1 Is Required for Assembly of Subviral Particles［J］. Journal of Virology, 1992, 66（7）：4556-4563.

[24] Ping Zhang, Steffen Mueller, Marc C. Morais, et al. Crystal structure of CD155 and electron microscopic studies of its complexes with polioviruses［J］. PNAS, 2008, 105（47）：18284-18289.

[25] 李晓娟，况二胜，杨复华．丁型肝炎病毒的分子生物学研究进展［J］．中国病毒学，2003，18（3）：298-302.

[26] 莽克强．基础病毒学［M］．北京：化学工业出版社，2005.

[27] 周德庆．微生物学教程［M］. 3版．北京：高等教育出版社，2011.

[28] 李明远，徐志凯．医学微生物学［M］. 3版．北京：人民卫生出版社，2015.

[29] 沈关心，徐威．微生物学与免疫学［M］. 8版．北京：人民卫生出版社，2016.

[30] 罗恩杰，病原生物学［M］. 4版．北京：科学出版社，2011.

[31] 严杰，医学微生物学［M］. 2版．北京：高等教育出版社，2012.

[32] 汪正清，医学微生物学［M］．北京：人民卫生出版社，2013.

[33] 陈兴保，病原生物学和免疫学［M］. 5版．北京：人民卫生出版社，2004.

[34] 张晓云，韦一能．热带假丝酵母二型性菌体细胞的形态和结构差异［J］．广西科学，2001，8（1）：50-53.

[35] 张宝中，冉多良，童贻刚．分泌型免疫球蛋白A的研究进展［J］．生物技术通讯，2009，20（2）：263-265.

[36] 吴涓涓．分子伴侣与MHC分子［J］．国外医学（免疫学分册），2004，27（6）：358-361.

[37] 高晓明，免疫学教程［M］．北京：高等教育出版社，2006.

[38] 周光炎，免疫学原理［M］．上海：上海科学技术出版社，2007.

［39］方振伟，王方．遗传密码轮——遗传密码表的另一表达方式［J］．南方医科大学学报，2006，26（9）：1258.

［40］韩世富．遗传密码的由来［J］．河北师范大学学报（自然科学版），1987，11（1）：105-109.

［41］刘庆昌．遗传学［M］．2版．北京：科学出版社，2010.

［42］左大明，陈政良．巨噬细胞甘露糖受体的结构与功能［J］．免疫学杂志，2004，20（3）：S15-S17.

［43］郭焱，李妍，许礼发．免疫学教程［M］．北京：清华大学出版社，2015.

［44］陆俊羽，常城．T淋巴细胞凋亡及其调控机制的研究进展［J］．免疫学杂志，2001，S1：108-111.

［45］宋建勋，朱锡华，陈克敏．Fas抗原在超抗原诱导T细胞凋亡中的作用［J］．第三军医大学学报，1999，21（6）：398-402.

［46］覃汉军，张叔人．免疫突触与T细胞活化关系的研究［J］．现代免疫学，2005，25（5）：426-429.

［47］宋晓妮，董文其．IgE及其高亲和力受体与过敏性疾病［J］．细胞与分子免疫学杂志，2007，23（10）：992-993.

［48］王宏，蔡欣，白波，等．荧光共振能量转移动态检测蛋白质相互作用的研究进展［J］．济宁医学院学报，2012，35（1）：60-63.

［49］王盛，陈典华，蒋驰洲，等．基于荧光蛋白的荧光共振能量转移探针的构建及应用［J］．中国细胞生物学学报，2012，34（12）：1258-1267.

［50］邓文洪，郑光美．达尔文雀与生物进化［J］．生物学通报，2005，40（2）：1-5.

［51］周长发．生物进化与分类原理［M］．北京：科学出版社，2009.

［52］尚玉昌．加拉帕戈斯群岛达尔文地雀进化的启示［J］．自然杂志，2008，30（5）：275-279.

［53］邢来君，李明春，真菌细胞生物学［M］．北京：科学出版社，2013.

［54］黎燕，冯健男，张纪岩．分子免疫学实验指南［M］．北京：化学工业出版社，2008.

［55］周木兰．酶标法的基本理论和技术［J］．井冈山医专学报，1995，2（4）：24-29.

［56］钱存柔，黄仪秀．微生物学实验教程［M］．2版．北京：北京大学出版社，2008.

［57］支明玉，田晖．实用微生物技术［M］．北京：中国农业大学出版社，2012.

［58］卢龙斗，常重杰．遗传学实验技术［M］．北京：科学出版社，2007.

［59］宋欣．微生物酶转化技术［M］．北京：化学工业出版社，2004.

［60］杨杰，张玉彬，吴梧桐. 固定化酶技术及其在医药上的应用新进展［J］. 药物生物技术，2013，20（6）：553-556.

［61］周世宁. 现代微生物生物技术［M］. 北京：高等教育出版社，2007.

［62］杜连祥，路福平. 微生物学实验技术［M］. 北京：中国轻工出版社，2005.

［63］闻玉梅，袁正宏. 微生物与感染研究荟萃［M］. 上海：复旦大学出版社，2014.